美学拾穗集

朱光潜 著

华东师范大学出版社

图书在版编目（CIP）数据

美学拾穗集／朱光潜著. -- 上海：华东师范大学
出版社，2025. -- ISBN 978 - 7 - 5760 - 5939 - 7

Ⅰ. B83 - 53

中国国家版本馆 CIP 数据核字第 20250UP825 号

美学拾穗集

著　　者　朱光潜
责任编辑　乔　健　梁慧敏
审读编辑　王国红
责任校对　姜　峰　时东明
装帧设计　吕彦秋

出版发行　华东师范大学出版社
社　　址　上海市中山北路 3663 号　邮编 200062
网　　址　www. ecnupress. com. cn
电　　话　021 - 60821666　行政传真　021 - 62572105
客服电话　021 - 62865537
门市（邮购）电话　021 - 62869887
地　　址　上海市中山北路 3663 号华东师范大学校内先锋路口
网　　店　http：//hdsdcbs. tmall. com

印 刷 者　三河市中晟雅豪印务有限公司
开　　本　880×1230　32 开
印　　张　6
字　　数　187 千字
版　　次　2025 年 8 月第 1 版
印　　次　2025 年 8 月第 1 次印刷
书　　号　ISBN 978 - 7 - 5760 - 5939 - 7
定　　价　25.00 元

出 版 人　王　焰

（如发现本版图书有印订质量问题，请寄回本社市场部调换或电话 021 - 62865537 联系）

美学拾穗集

目 录
Contents

缘 起

　　百花文艺出版社的一位编辑来访，约我把八十岁以后有关美学的论文或札记选些出来，出一本选集。我欣然接受了他的建议，选了十一篇，题之为《美学拾穗集》。《拾穗者》原是近代法国画家米勒的一幅名画，画的是三位乡下妇人在夕阳微霭中弯着腰在田里拾收割后落下来的麦穗。我在青年时期在法国卢佛尔宫看过这幅画，时过半个世纪，对它还保存着新鲜愉快的印象。现在想起自己的晚年美学研究，和那三位拾穗的乡下妇人颇可攀上同调。这中间也有一番甘苦，美学界同调者当能体会到我现在的这种心情。

　　文章只有十一篇，大体上反映了我晚年的美学工作。黑格尔的《美学》三卷终于译完了，我转过头来仔细校读马、恩的有关文艺论著，有关的几部札记表达出我的一个热烈愿望：在四个坚持的大原则之下，党的领导当趁早认真校改马、恩经典著作的译文，在这个基础上选出一个有关文艺理论的选本。近几年我还在继承五十年代美学辩论的传统，不怕争鸣和交锋。两篇批驳"反形象思维论"就是这样产生的。这次辩论显示出美学界的一些新生力量，也暴露出一些缺乏近代科学常识和拘守僵化教条的弱点。

就我现在这样年老昏聩的情况来看，今后"拾穗"的工作似宜限于继续翻译美学资料。目前已开始译维柯的《新科学》，预计明年完成。在此期间决力戒写应酬文，"争鸣"的任务只好偏劳年富力强的一辈人了。

1980 年夏　北京大学

我是怎样学起美学来的

我的第一部美学著作是 1936 年出版的《文艺心理学》。《谈美》的信是概括这部处女作的通俗叙述。接着我就写了一部《诗论》，对过去用功较多的诗这门艺术进行了一些探讨。这三部书都是我在英、法两国当大学生时写出初稿的。我还用英文写过一本博士论文，叫做《悲剧心理学》，由斯特拉斯堡大学出版社出版。

在《文艺心理学》的"作者自白"里我已简略地回答过《书林》编辑部向我提出的这个问题，现在先把有关的一段话抄下来，然后稍作补充：

从前我决没有梦想到我有一天会走到美学的路上去。我前后在几个大学里做过十四年的学生，学过许多不相干的功课，解剖过鲨鱼，制过染色切片，读过建筑史，学过符号名学，用熏烟鼓和电气反应机测验过心理反应，可是我从来没有上过一次美学课。我原来的兴趣中心第一是文学，其次是心理学，第三是哲学。因为欢喜文学，就被逼到研究批评的标准、艺术与人生、艺术与自然、内容与形式、语文与思想等问题。因为欢喜心理学，我就被逼到研究想象与情感的关系、创造和欣赏的心理活动以及文艺趣味上的个别差异。因为欢喜哲学，我就被逼到研究康德、黑格尔和克罗齐诸人讨论美学的著作。这样一来，美学便成为我欢喜的几门学问的联络线索了。我现在相信：研究文学、艺术、心理学的人们如果忽略了美学，那是一个很大的欠缺。

事隔半个世纪，现在来检查过去写的这段"自白"，它还是符合事实的。不过要作两点补充。当时我也很喜欢历史，为着要了解希腊文学和艺术，我在爱丁堡大学曾正式选修了欧洲古代史。可是我考了两次都没有及格，为着遮羞，写"自白"时没有敢提到它。现在回想起来，这门不及格的欧洲古代史对我向往美学毕竟起了不小的作用。当时我还是一个穷学生，但是省吃俭用，还一个人跑到意大利罗马地下墓道里考察过哥特大教寺和壁画的起源，参观过梵蒂冈所藏的一些著名雕刻和文艺复兴时代散在意大利各城市的建筑、绘画和雕刻，体会到"耳闻不如目见"这句话的意义。

另一点须补充的是"自白"最后一句后面还应加上这么一句："研究美学的人们如果忽略文学、艺术、心理学、哲学（和历史），那就会是一个更大的欠缺。"这一点是我从参加国内美学讨论到现在所看到的美学落后状态中体会出来的。关起门来学美学，不知"天有多高，地有多厚"，那是有害于己而无益于人的。

上文我提到"当时我还是一个穷学生"，这对于我学起美学来也颇有影响。我在学生时代还编写过一部《变态心理学》、一部《变态心理学派别》（都出版过）和一部《符号逻辑》（稿交商务印书馆，在日本侵略上海时遭火灾焚毁了）。为什么一方面读书，一方面又写出那么多书呢？这就是因为我穷，不得不"自力更生"，争取稿费来吃饭过活。在这样"骑两头马"的生活中我也吸取了一点有益的教训，就是做学问光读不写不行。写就要读得更认真一点，要把所读的在自己头脑里整理一番，思索一番，就会懂得较透些，使作者的思想经过消化，变成自己的精神营养。根据这点教训，我指导研究生，总是要求他们边读边写。他们也因此取得了较好的成绩。不过要补充一句，光写而不读也不行。

《书林》出给我做的题目是"怎样研究起美学来的"，显然是问我怎样开始学美学的。这个"开始"我已交代清楚了，不过我觉得这还未免"有头无尾"。从前人说得好，"学无止境"，"活到老，学到老"。老实说，我一直在学美学，一直在开始新的阶段。解放后我有幸参加了几年之久的国内美学界的批判和讨论。我至少是批判对象之一。我是认真对待这次批判的，有来必往，无批不辩。从此我开始挪动了我原来的唯心主义立场。当时是我的论敌而现在是我的好友的一位同志，看到我在答辩中表示决心要学马列主义，便公开宣布："朱某某不配学马列主义！"这就激发了我的自尊心，暗地里答复了他："我就学给你看看！"于是我又开始了我的新的美学行程。这三十年来我学的主要是马列主义。译文读不懂的必对照德文、俄文、法文和英文的原文，并且对译文错误或欠妥处都做了笔记，提出了校改意见。去年我看到世界各国马克思主义的学者们都在热烈讨论马克思的《经济学—哲学手稿》，这是我在五十年代就已读过而没有读懂的。于是又把它翻出来再啃，并且把其中关键性的"异化劳动"和"私有制与共产主义"两章重译过。虽不敢说我读懂了，但毕竟比原来懂得多一点。这部经典著作受黑格尔和费尔巴哈的影响都很深。我对费尔巴哈毫无研究，预备补了这一课再回头去啃，但愿老天爷分配给我足够的时间和精力！

美　学

　　什么是美学？就字面看，美学当然是研究美的一门学问。要解决的问题是：什么是美？对这个问题，历来各派有很大的分歧。基本的分歧在于自然美和艺术美以及这两种美之间的关系。有一派认为美是一种客观存在，美首先见于自然和现实生活，艺术美只是自然美的一种反映，自然美先于，也高于艺术美。另一派认为美不是一种客观存在，而是一种意识形态。美首先见于艺术，艺术美离不开人的创造活动，自然美也只是从艺术的眼光看出来的。艺术美高于自然美，不懂艺术美也就不能真正懂自然美。此外还有主观与客观统一的看法：美既离不开物（对象或客体），也离不开人（创造和欣赏的主体）。理由之一是，人这个主体须根据客观具体事物来作为创作和欣赏的对象，而这种对象也须体现人的本质和修养，主客两方缺一不可。理由之二是，美和真与善一样，都是一种价值。而无论是使用价值还是交换价值，都离不开特定社会中的一定的人。

　　这个基本问题还涉及美与美感的关系，艺术作为意识形态与经济基础的关系，以及文艺实践与文艺理论的批判继承和国际交流的一系列的问题。美学和其他科学一样，都不能离开历史发展而单就某一横断面作出全面结论。所以美学的研究离不开美学史的研究。美学领域中有些问题是在历史发展中逐渐获得解决的，有些至今还难说已获得了圆满解决，还有待于人类继续不断的探讨。

在西方，自从德国哲学家鲍姆嘉通在 1750 年发表他的《埃斯特惕克》(Aesthetik)，即《美学》之日起，美学才成为一门独立科学。鲍姆嘉通把美学看作是和逻辑学对立的。美学研究的是感性认识和形象思维，逻辑学研究的却是形成概念和进行推理的抽象思维。不过美学成为一门独立的科学虽不过两百多年，美学思想却与人类历史一样的古老。自从人类开始断发文身，披树叶遮羞，筑巢掘洞，敬神祭祖，乃至进行乐歌舞蹈之类文艺活动之日起，人类就已开始有了审美的观念和美学思想。一个文艺创作的鼎盛时代往往就有一个文艺理论鼎盛时代接踵而至。例如古希腊神话、雕刻、史诗和悲剧鼎盛之后，马上就有柏拉图的一系列的文艺《对话录》和亚理斯多德的《诗学》《修词学》来总结已往的文艺实践的经验，为后来文艺创作和文艺理论的发展奠定了基础。这正符合从实践到认识而认识又转过来指导实践的辩证规律。所以要理解一个民族在一定时代的美学思想，就须对当时社会情况和文艺作品有些感性认识，决不应把文艺思想和当时的社会实况与文艺实践割裂开来。美学虽然号称研究美的科学，但只研究美学而不研究社会背景和文艺创作的实况，就决不可能搞通美学，那就会成为不懂文艺作品的文艺理论家或空头美学家。

美学必须结合文艺作品来研究，所以它历来是文艺批评的附庸。西方有些著名的美学家，例如贺拉斯、布瓦洛、狄德罗、莱辛、泰纳和别林斯基等人，都同时是文艺批评家。随着人类文化的进展，文艺日益成为自觉的活动，最好的文艺批评家往往就是文艺创作者本人。绘画方面的达·芬奇和杜勒,雕塑方面的罗丹,音乐方面的瓦格纳,诗和戏剧方面的但丁和歌德,小说方面的巴尔扎克和福楼拜,都在谈话录、回忆录、书信集或专题论文里留下了珍贵的文艺见解和美学思想。其所以珍贵,是因为根据的是亲身实践经验。

此外,美学实际上是一种认识论,所以它历来是哲学或神学的附庸。西方著名的美学家,从柏拉图、亚理斯多德一直到康德、黑格尔和克罗齐,都是从哲学出发的。中世纪有很长一段时期美学是附庸于神学的,代表人物是普洛丁和托马斯·亚奎那。美学在西方大学里往往设在哲学系,就是作为认识论的一部分看待的。美学的命名人鲍姆嘉通就是把美学和逻辑学看成哲学中的两个部门。近代哲学上一场重大的斗争是大陆的笛卡儿派理性主义与英国培根派经验主义之间的斗争。结果经验主义日益上升,因而产生了德国古典哲学的调和企图,特别是奠定了近代唯物主义历史发展观点的基础。没有这个重大转变,就不可能有近代美学。所以研究美学还必须研究美学史。

随着十七、十八世纪欧洲的产业革命,自然科学的发展蒸蒸日上,文艺和文艺理论就日益受到自然科学,特别是生理学、心理学和人类学的影响。这就产生了英国经验主义派的美学以及继起的德、美诸国实验美学,德国费尔巴哈的以"人类学原则"为基础的美学,法国孔德、泰纳的实证主义美学和自然主义派的小说理论,德国新黑格尔派费肖尔和立普斯的移情说以及谷鲁斯内的摹仿说和游戏说。接着就是变态心理学在美学领域里日益泛滥,在法国有耶勒和塞阿伊诸人的固定观念活动说,在奥国有弗洛伊德、阿德勒和荣格诸人的原始欲望的化装满足说。这些五花八门的受到自然科学影响的美学思想,看来有些支离破碎,甚至离奇怪诞，但是现在仍甚嚣尘上。研究美学者对之也不能置之不顾，因为它们各有片面的道理，披沙或可拣金。

西方自从进入帝国主义时期，经济、政治和学术思想都日益进入危机。随着生产方式的改变、工人运动的蓬勃发展和受压迫民族的日益觉醒，马克思主义就应时而出，日益显示出它的强大威力。它不仅带来一次接着一次的社会主义革命，而且也使文化思想（包括文艺和美学）起了翻天覆地的变化。主要见于以下几点。

（一）辩证唯物主义和历史唯物主义成了一切学术思想的指导原则。文艺和文艺理论（即美学）已经科学地证明为一种由经济基础决定，反过来又对经济基础和上层建筑起反作用的意识形态，而且随着历史发展在不断地向前发展。从此美学就由哲学、神学、文艺批评和自然科学的附庸一跃而为一门独立的社会科学，因此它的重要性也空前地提高了。

（二）马克思主义给美学带来了一个最根本的转变，就是从单纯的认识观点转变到实践观点。已往的美学都大半从认识论出发，只满足于解释一些美学现象。马克思主义美学却首先从实践观点出发，证明了文艺活动是一种生产劳动，和物质生产劳动显出基本一致性。在这种生产劳动中，人发挥人所特有的"本质力量"来改造自然，而人在改造自然之中也就在改造和提高他自己。人与自然互相改造，互相提高，就推动着历史向前进展。

（三）由于单从认识观点出发，已往的美学不是片面唯心就是片面唯物，彼此在这个分歧上争论不休，莫衷一是。马克思在《经济学—哲学手稿》里强调对立面的辩证统一，把片面唯心和片面唯物叫做"抽象唯心"和"抽象唯物"加以否定，证明了心与物都不可偏废。他的著名的共产主义的定义是"彻底的人道主义加上彻底的自然主义",这个基本原则实质上就是主体(人)与对象(物)——也就是心与物互相推进,不可偏废。这是美学上的一个重大发展,使许多问题都可迎刃而解。姑举美与美感的关系这个久经争论的问题来说明。马克思在第三手稿里举了各种感官为例来说明美与美感的关系。例如关于音乐的美,马克思说:

> ……正如只有音乐才能唤醒能欣赏音乐的感官,对于不懂音乐的耳朵,最美的音乐也没有意义,就不是它的对象。因为我的对象只能是我的某一种本质力量的证实。

这就是说,音乐的美既要有客观存在的音乐,也要有能欣赏音乐的耳朵。我能欣赏音乐的美,这就证实我有一种能欣赏音乐的本质力量。试想一想,照这样看,美是一种单纯的客观存在吗?美能离开美感而独立吗?想通了这个问题,过去的许多争论就显得很可笑了。

(四)已往的近代美学用的大半是形而上学的机械论的看法,把有生命的人割裂为若干独立部分。这是牛顿对付力学的方法,也是康德对付美学的方法。康德把人的功能分析成知、情、意三个部分,然后追究审美活动属于哪一部分。他否定了美与意志、目的和快感的关系,把美只归到"知"中的对形式的感性欣赏。他发现这种看法与事实不尽吻合,于是又在"崇高""依存美"等问题上得出了自相矛盾的结论。他对近代美学的影响很大,特别是他的形式主义、"为艺术而艺术"以及克罗齐的"艺术等于直觉"说,都是由康德的"美的分析"那里片面发展出来的。十九世纪后期生物学带来了与机械观相对立的有机观。在有机观指导之下看出文艺须"向整体人说话"的，首先是歌德。接着马克思在有机观的基础上发展出辩证唯物主义，在美学上也特别强调人的整体性。只要细读《经济学—哲学手稿》的第三稿，和《资本论》第一卷论"劳动"部分，乃至恩格斯的《从猿到人》，就可以看出马克思主义不但强调人与自然（我与物）的统一，而且也强调人本身全部身心两方面各种"本质力量"的统一，在"整体人"的概念上比歌德又前进了一大步。如果从这种人与自然以及人本身各种功能辩证的统一观点，来检查一下已往各派美学思想，就可以看出马克思主义对美学将会引起多么宏伟而深远的一场革命。

从以上的简单说明，可以看出两点。

（一）"美学研究什么？"和"美是什么？"的问题，不可能有公式化或概念化的一成不变的结论。各时代和各流派各有不同的出发点和不同的结论。

（二）处在历史发展的现阶段，研究美学，首先就要研究马克思主义。这并不是说马克思主义已对美学作出了最后的结论。这种看法本身就是违背辩证发展观点的。历史在前进，美学也就必然跟着历史不断地前进。

黑格尔的《美学》译后记

　　黑格尔的《美学》原是作者在十九世纪二十到三十年代在海德堡大学和柏林大学授课的讲义。他死后由他的门徒霍托根据他亲笔写的提纲和几个听课者的笔记编辑成书，于 1835 年出版。本译文根据 1955 年柏林出版的由巴森格重编的新版本。

　　本译文第一卷早已在 1959 年由人民文学出版社印行。后来译者忙于其他工作，接着在"四人帮"对知识分子实行法西斯专政时期，又搁了十年左右，直到 1970 年冬才动手续译。译完后把全书（包括已出版的第一卷）从头到尾校改了一遍。除德文版以外，译者参校了英译本（鲍申葵译的全书绪论部分，奥斯玛斯通译全书）、俄译本（斯托尔卜纳译第一、第二两卷，巴波夫补译完全书）和法译本（姜克勒维希译）。原书分三卷，柏林新版合订成一厚册。本译文依英、俄、法三种译本分四卷，把原来的第三卷分为上下两卷。

　　黑格尔的《美学》是难读的，主要原因在于这部著作是从作者的客观唯心主义哲学体系及其辩证法出发的。这套体系极端抽象和艰晦，而且有很多矛盾和漏洞。抽象艰晦的思想体系就必然表达于抽象艰晦的语言，黑格尔所用的并不是一般德国人所习用的语言。此外，原书既根据提纲和笔记编成，未经作者亲自校改，遗漏、重复和错误就在所难免。英、俄、法三种译文不但和原文都有些出入，而且在原文艰晦的地方，三种译文彼此悬殊也很大。所以看不懂原文时求救于这些译本，也不一定就能解决问题。译起来既有困难，读起来就不会很容易。

但是难懂并不等于不可懂。如果对黑格尔的哲学体系有一个大致正确的认识，多动点脑筋，《美学》这部著作还是可以读懂的。反过来说，对《美学》的钻研也有助于理解黑格尔的哲学体系，因为《美学》是用艺术发展的具体事例来阐明客观唯心主义及其辩证法的，比起黑格尔的《精神现象学》《逻辑学》之类著作就较具体易懂。黑格尔在谈具体问题时也能写出简明流畅的文章，《美学》里有不少的章节可以证明这一点。恩格斯在 1891 年 11 月写信给康·斯米特说："为消遣计，我劝你读一读黑格尔的《美学》，如果你对这部书进行一点深入的研究，你就会感到惊讶。"细读《美学》，就可以体会到恩格斯的这句经验之谈，发现这部著作里足供消遣的东西不少，启发深思的东西更多。

对于深入学习马克思主义理论的人，《美学》这部书是值得细读的。在马克思主义以前，西方美学和文艺理论的书籍虽是汗牛充栋，真正有科学价值而影响深广的也只有两部书，一部是古希腊的亚理斯多德的《诗学》，另一部就是十九世纪初期的黑格尔的《美学》。在哲学方面黑格尔总结了他以前二千多年的西方思想发展，在美学和文艺理论方面也是如此。马克思、恩格斯早期都属于青年黑格尔派，他们所创立的辩证唯物主义和历史唯物主义是在工人运动蓬勃发展的新形势之下批判继承黑格尔和他的门徒费尔巴哈等人的结果。这一点恩格斯在《费尔巴哈和德国古典哲学的终结》里说得最清楚。马克思、恩格斯在《德意志意识形态》《神圣家族》《反杜林论》《费尔巴哈论纲》以及《费尔巴哈和德国古典哲学的终结》里，对黑格尔哲学体系进行了系统的彻底的批判。关于黑格尔哲学体系应该批判的是什么，这个问题可以说已经基本解决了。至于美学这个领域，马克思、恩格斯早期都极为关心，进行过一些工作，发表过一些卓越的见解。但是由于他们后来转到更重要更迫切的经济学研究和工人运动，虽没有完全抛弃美学和文艺理论，却没有来得及就黑格尔《美学》这部著作进行过系统的批判，或是把他们自己关于美学和文艺理论的一些极其重要的教导加以汇总和总结。后来普列汉诺夫、李夫希茨、卢卡契、多列斯和柯赫等人虽作过一些粗浅的尝试，但其中不免有些修正主义色彩。[①]所以对黑格尔《美学》的批判，以及对马克思主义美学、文艺观点与黑格尔《美学》渊源关系的清理工作，仍有待于今后的马克思主义者。希望这部《美学》的中译本可以提供一些必要的资料。

译者在本书第一卷译文出版后，即着手编写《西方美学史》，其中第十五章专门介绍了黑格尔的美学基本观点，也试图进行一些粗浅的不完全正确的批判。这些年来一直在思考这方面的问题，日益认识到这项批判工作的迫切必要性和艰巨性。但自量思想水平和暮年精力，都不能把这项工作做好。在这篇译后记中，为一般读者方便起见，只能提供一些掌握黑格尔美学概要的线索。

一、客观唯心主义的"绝对"和历史辩证发展的矛盾

《美学》和黑格尔的其他著作一样，最突出的一点是历史发展观点，这也是马克思、恩格斯首先给以高度评价的一点。《反杜

林论》里有一段评语说：

> 黑格尔第一次——这是他的巨大功绩——把整个自然的、历史的和精神的世界描写为一个过程，即把它描写为处在不断的运动、变化、转变和发展中，并企图揭示这种运动和发展的内在联系。

较晚的更为人所熟知的论断是在《费尔巴哈和德国古典哲学的终结》里：

> ……精神哲学又分成各个历史部门来研究，如历史哲学、法哲学、宗教哲学、哲学史、美学等等，——在所有这些不同的历史领域中，黑格尔都力求找出并指出贯串这些领域的发展线索；同时，因为他不仅是一个富于创造性的天才，而且是一个学识渊博的人物，所以他在每一个领域中都起了划时代的作用。

这里所说的"运动和发展的内在联系"和"贯串这些领域的发展线索"就是辩证法的线索。黑格尔辩证法的出发点是任何事物都含有本身的对立面或内在矛盾，就是这种内在矛盾在推动事物的发展。这个出发点是马克思、恩格斯所肯定的黑格尔辩证法的"合理内核"。用黑格尔的逻辑术语来说，事物本身和它所含的对立面是"正"与"反"的关系。由于正和反各有片面性，有片面性就不真实。正本身含着反，要为反所否定，反也有片面性，不能静止于反，又要为正所否定。否定不等于消灭，只是消除两对立面的片面性，使正与反统一于较高一级的肯定，这种"否定的否定"就是"合"，又叫作"对立面的统一"，这比原来各有片面性的正与反就较为真实，就有了发展。但是发展还不静止于此，这低一级的合又变为高一级的正，又有它的内在矛盾或对立面，又要经过否定和否定的否定，上升到更高一层的统一，这种由低级到高级的发展过程是理应不断地进行下去的。

这种辩证法主要有四个优点。第一，它否定了形而上学的静止观点和永恒不变观点，肯定了事物的不断发展。第二，它肯定了发展的推动力是事物本身的内在矛盾，亦即内因，明确地提出了有矛盾就有斗争，有斗争才有发展。第三，它肯定了"凡是现实的都是合理的，凡是合理的都是现实的"，这就是说，一切事物的产生、发展和消灭都有必然性和合理性，因为都是符合辩证规律的。这也就是肯定了凡是合理的就必然变成现实，不合理的现实也必然终归灭亡。第四，它肯定了世界历史发展不断地由低级向高级上升，永远是在向上前进的。这种乐观的看法实际上是达尔文的生物进化论以前的社会进化论。

不过黑格尔在哲学思想上是个承先启后的人物，他虽然有进步的甚至革命的一面，但旧时代的保守思想在他身上毕竟留下很深的烙印。这两个对立面在他的思想上经常互相矛盾而没有得到真正的解决。单就他的辩证法来说，就有很多这样没有解决的矛盾。第一，他虽承认矛盾冲突斗争是历史发展的推动力，却特别强调妥协调和在解决矛盾中的作用。他从来不承认两对立面斗争中有甲消灭乙或乙消灭甲的可能，而是认为甲和乙各有所长，也各有所短，截长补短才有上升的发展。他所谓"否定的否定"实际上是对各有片面性的两个对立面各打五十大板，各有所"弃"，各有所"扬"，然后才能达到较高一级的统一或较高一级的真理。他明确地说过矛盾的解决就是调和，他在悲剧论里曾不厌其烦地企图说明这个道理。所以他的辩证法是以"一分为二"（事物本身包含否定自己的对立面）开始，以"合二而一"（两对立面由互相否定而达到妥协性的统一）告终的。第二，他既肯定事物不断发展，却又承认有所谓"永恒正义"和"普遍人性"。第三，他既强调一切现实事物的必然性和合理性，却在这个借口之下歌颂当时普鲁士君主专制。这一切矛盾都是由黑格尔的市民阶级地位和政治态度决定的。他热情地赞扬过法国资产阶级革命，实际上他的思想从这次革命中受到了很大的启发。但是到雅各宾专政时期他就忍受不住了，表现出绝望和彷徨。这个事实就足以说明他的市民阶级的摇摆性和不彻底性。像马克思和恩格斯关于歌德所说的一样，黑格尔还没有摆脱当时德国"庸俗市民"的习气。

黑格尔辩证法的最大矛盾还在于他在肯定事物不断向前发展这个基本原则上发生了摇摆。这个基本原则本是黑格尔辩证法的基本合理内核。恩格斯在《费尔巴哈和德国古典哲学的终结》里曾这样肯定了它：

> 这种辩证哲学推翻了一切关于最终的绝对真理和与之相应的人类绝对状态的想法。在它面前，不存在任何最终的、绝对的、神圣的东西；它指出所有一切事物的暂时性，在它面前，除了发生和消灭、无止境地由低级上升到高级的不断的过程，什么都不存在。它本身也不过是这一过程在思维着的头脑中的反映而已。

这是不断发展这个大前提所应得出的结论，这也是马克思主义所得出的结论。但是黑格尔本人并没有得出这样的结论，在他的著作中（包括《美学》在内）到处讲的正是所谓"绝对真理"或

"最终的绝对的神圣的东西"。他一方面肯定事物的不断发展，另一方面又认为这种发展达到"绝对"便算达到止境，因为"绝对"就不再有和它相对的对立面，就不能再有辩证发展了。在他的思想体系里，人类精神的发展终止于哲学所认识到的涵盖一切的"绝对"，也就是终止于他本人的哲学体系；在绝对精神表现于艺术的发展终止于浪漫型艺术，也就是终止于十九世纪西方资产阶级中所流行的那种艺术；在绝对精神表现于社会政治的发展终止于启蒙运动所吹嘘的"理性王国"，也就是终止于德国威廉二世的"开明专制"。一句话，世界历史各个领域的发展都在黑格尔时代的德国就已达到了顶峰和终点。

黑格尔何以得出这样荒谬的结论呢？这是理解乃至批判黑格尔哲学体系的关键要害所在。一语道破这个关键要害所在的还是恩格斯，他的话是这样说的：

> 原因很简单，因为他不得不去建立一个体系，而按照传统的要求，哲学体系是一定要以某种绝对真理来完成的。

这就是说，黑格尔哲学体系要求一种涵盖一切的"绝对"作为认识的最高峰和终止点，也就是作为历史发展的终止点，就是这个"绝对"或终止点扼杀了黑格尔辩证法本来应有的革命因素，这就是黑格尔哲学体系与辩证法之间不可调和的矛盾。

所谓黑格尔哲学体系就是黑格尔所特有的一种客观唯心主义体系。哲学基本问题是思维与存在的关系，亦即精神与物质或思维主体与客观世界的关系。问题在于：这两个对立面究竟哪个是第一性，哪个是第二性的？是思维产生存在，还是存在产生思维呢？对这个基本问题过去有各种不同的答案，就形成了各种不同的哲学派别。最主要的派别实际上就是唯心主义和唯物主义两家，前者认为"心"或"精神"是第一性的，而后者则认为"物""存在"或客观世界是第一性的。唯心主义又分为主观唯心主义和客观唯心主义两派，前者认为主体认识造成了客观世界，后者认为客观存在的"理"或规律具体化为客观世界。黑格尔属于客观唯心主义而同时又是集过去各种唯心主义之大成的。他的出发点是"精神"或"心灵"，不过他所谓"精神"或"心灵"并不是某个人或人类中某一部分人的头脑的作用或活动，而是超然于"有限的"具有肉体的人类之外、弥漫宇宙、涵盖一切的客观存在的"理"或"理念"（Idee[②]）。客观物质世界就是由这"理"外化或具体化出来的。"理"是一般，具体事物是特殊。黑格尔的这种客观唯心主义还是按他的辩证法演化出来的。他认为抽象的普遍的"理"本身中就含有它的对立面，即具体的个别事物。这具体个别事物就是"理"所外化的另一体。"理"在未外化为具体事物时，只有抽象的普遍性；事物在未受到"理"灌注生气时，也只有抽象的个别特殊性，都还不算真实，须互相否定，互相成全，才形成算得真实的统一体。每一事有每一事的理，顺辩证发展的上升次第，理与事各有高低等级，到了最高级，便是涵盖一切理与事的"绝对"。未外化为具体事物的抽象的理叫作"概念"。在外化中具体个别事物否定了"概念"的抽象普遍性，事物同时也受到概念的否定，二者统一，成为具体的"理念"，理才成为真实的理，事物也才成为真实的事物。"绝对"或最高理念便是万物万理的统一，又叫作"太一"。黑格尔替理念下的定义是："理念不是别的，就是概念，概念所代表的实在，以及这二者的统一"，就是这个意思。从此可见，黑格尔的客观唯心主义实即唯理主义，其要义是理与事的统一，一般与特殊的统一，亦即思维与存在的统一以及哲学与历史的统一。它否定了康德的不可知论，肯定了一切事物的必然性和合理性以及人类认识的不断发展。

不过这只是问题的一个方面，问题的关键还在于思维决定存在，还是思维反映存在。黑格尔不从具体客观现实出发，而从一整套逻辑概念出发，企图从逻辑概念推演出客观世界，实际上是"首足倒置"，显然是与马克思主义的反映论相对立的。马克思在《神圣家族》里用一个简明例子一针见血地驳斥了黑格尔的理念产生客观世界的谬论，他说："要从现实的果实得出'果实'这个抽象的观念是很容易的，而要从'果实'这个抽象的观念得出各种现实的果实就很困难了。"所以上文引过的恩格斯肯定黑格尔的辩证哲学的那句话："它本身也不过是这一过程（指客观历史发展过程——译者注）在思维着的头脑中的反映而已。"这虽是从黑格尔的辩证发展大前提出发本应得出的结论，而实际上黑格尔却得出了相反的结论。从他的辩证发展大前提得出应得的结论的是马克思主义创始人。

由于这种"首足倒置"，黑格尔既未解决思维与存在关系的问题，也没有真正摆脱康德的不可知论。思维与存在的关系既然"首足倒置"了，而思维所能得到的概念由低级到高级的上升又终止于"绝对"或最高理念，这就对历史发展和人类认识都划了止境。止境以内是"此岸"，一切都仿佛可知；止境以外便是"彼岸"，一切便不可知了。有人说，黑格尔的辩证法只能应用于过去，不能应用于未来，也就是指他把未来划到不可知的"彼岸"。从此可见，黑格尔哲学体系的致命伤就是"绝对"这个概念。这个"绝对"就把他的本来带有革命性的辩证发展观点扼杀了，教人安于现存秩序，对未来极端悲观。辩证发展是无限的，不能说到了时间上某一阶段就达到"绝对"的高峰或终止点。"绝对"与"相对"是统一的，不能离开"相对"而有所谓"绝对"。世界历史不断向前发展，人类认识也就不断提高和深入。这个道理恩格斯在《费尔巴哈和德国古典哲学的终结》里反复阐明过，毛泽东在《实践论》里也作过精辟的发挥：

> 马克思主义者承认，在绝对的总的宇宙发展过程中，各个具体过程的发展都是相对的，因而在绝对真理的长河中，人们对于在各个一定发展阶段上的具体过程的认识只具有相对的真理性。无数相对的真理之总和，就是绝对的真理……客观现实世界的变化运动永远没有完结，人们在实践中对于真理的认识也就永远没有完结。

从此可知，马克思主义的认识论否定了在某一发展阶段中人类认识就已达到了黑格尔所说的"绝对"；它也否定了客观世界有什么不可知的"彼岸"，随着历史的发展，人类通过实践会不断地把未知的变成可知的。有了这种认识，黑格尔的不断向上发展的辩证法的"合理内核"便可发挥效用了。

二、《美学》的结构，美的定义："理念的感性显现"，理性内容提到第一位

以上我们费了一些篇幅说明黑格尔辩证法的合理内核与他的客观唯心主义哲学体系的基本矛盾，因为这是理解和批判黑格尔

的《美学》都必须抓住的纲，因为《美学》是他的辩证法和客观唯心主义哲学体系的具体运用。

《美学》是从概念或基本原则出发，来推演出艺术发展具体情况的。第一卷讲的便是艺术美的基本原理。第二卷从艺术类型观点追溯象征型、古典型和浪漫型三种艺术的特征及其历史发展。第三卷从三种类型中代表艺术门类出发，讨论建筑、雕刻、绘画、音乐和诗（包括戏剧）这些门类艺术的特征及其历史发展。原第三卷的论诗部分在本编中被划入第四卷。论诗部分特别重要，因为黑格尔认为诗是一切艺术的共同因素，一切艺术里都必有诗，一切艺术发展阶段都必出现诗；诗也是黑格尔本人研究较深的一门艺术，所以论诗部分是《美学》这部著作的精华所在，与第一卷有同等重要性。黑格尔所理解的诗其实就是文学或"语言的艺术"。

黑格尔的全部美学思想都是从艺术用感性形式表现理性内容这一基本原则推演出来的。艺术的特征是美，所以他替美下的定义也就是艺术的定义，原文如下：

> 真，就它是真来说，也存在着。当真在它的这种外在存在中直接呈现于意识，而且它的概念直接和它的外在现象处于统一体时，理念就不仅是真的，而且是美的了。美因此可以下这样的定义：美就是理念的感性显现。

这里"理念"就是"意蕴"，也就是内容；"感性显现"是不假抽象思考而直接呈现于感官的具体形象，也就是形式。这两方面的统一，就成了美的艺术。美必同时是真，但艺术的真与哲学的真不同：哲学的真是凭哲学思维从个别具体事例中推演出普遍原理而得来的；艺术的真却是直接凭感官从具体形象感知的。这种分别主要来自抽象思维与形象思维的分别，抽象思维属于理性认识，形象思维属于感性认识。黑格尔没有看到感性认识与理性认识的密切联系，把二者划分得过死。仿佛艺术就绝对排除抽象思考，这是近代西方一般唯心主义美学家的通病，这一点下文谈哲学取代艺术时还要谈到。

艺术的首要因素是理性内容，这是黑格尔一贯坚持的。问题在于这种理性内容如何产生，又如何出现于艺术。黑格尔把这种理性内容追溯到他所说的"世界情况"。在他看，一般世界情况就是"艺术中有生命的个别人物所借以出现的一般背景"，是"把心灵现实的一切现象都联系在一起的"，即"教育、科学、宗教乃至于财政、司法、家庭生活以及一切其他类似现象的情况"的总和，总之，一般世界情况就是某特定时代的社会文化背景。一个时代的社会文化背景就形成当时流行的精神方面的"普遍力量"，黑格尔把它称作"神"，也就是一个时代中大多数人所共有的宗教、道德、政治等方面的准则或人生理想。他认为世界情况须结合具体情境，具体化为人物性格，体现于动作，揭开矛盾，导致冲突和解决。普遍力量在人物性格上所形成的主观情绪或人生态度叫作"情致"。"情致"就是"存在于人的自我中而渗透到全部心情的那种理性内容"。这种内容为数不多，就是"恋爱、名誉、光荣、英雄气质、友谊、亲子爱之类的成败所引起的哀乐"。例如莎士比亚的《哈姆雷特》悲剧所表现的"一般世界情况"是文艺复兴时代社会文化背景，"情境"是这位王子的母亲和他的叔父通奸，杀害了他的父亲，"情致"是王子企图报仇时在当时流行的人生观和伦理观所形成的那种错综复杂的心情。在具体情境中，不同的人物性格可以代表不同的理想，例如这人代表政权王法，那人代表家庭骨肉恩爱，就会发生矛盾冲突，推动情节的发展。

三、在改造自然中实现自我，环境的"人化"和人的"对象化"，实践观点的萌芽

马克思和恩格斯说过，"黑格尔常常在思辩的叙述中作出把握事物本身的、真实的叙述"，这就是说，他根据客观唯心主义逻辑推演出来的论断往往符合客观事实。他对于文艺反映一定时代社会文化背景的看法就是一个例子。从理念推演出客观世界，这当然是"首足倒置"，但其中也还含有一方面的真理。列宁在《哲学笔记》里曾肯定了这一点："观念的东西转化为实在的东西，这个思想是深刻的，对于历史是很重要的，并且就是从个人生活中也可看到，这里有许多真理。"列宁在这里是从"意识反过来影响存在"或"精神转化为物质"这个马克思主义的观点来看问题的。这个问题涉及黑格尔的主体与客观世界统一的看法，也涉及他对实践与文艺关系的看法，值得特别注意。他在叙述人作为主体与客观世界的关系时说：

> 有生命的个体一方面固然离开身外实在界而独立，另一方面却把外在世界变成为他自己而存在的；他达到这个目的，一部分是通过认识，即通过视觉等等，一部分是通过实践，使外在事物服从自己，利用它们，吸收它们来营养自己，因此在他的"另一体"里再现自己。只有在人把他的心灵的定性纳入自然事物里，把他的意

志贯彻到外在世界里的时候，自然事物才达到一种较大的单整性。因此，人把他的环境人化了，使那环境可以使他得到满足，对他不能保持任何独立自在的力量。

人还通过实践的活动，来达到为自己，因为人有一种冲动，要在直接呈现于他面前的外在事物之中实现他自己，而且就在这实践过程中认识他自己。人通过改变外在事物来达到这个目的，在外在事物上面刻下他自己内心生活的烙印，而且发现他自己的性格在这些外在事物中复现了。

这里几段引文代表黑格尔的主客体统一的中心思想，他是从认识与实践的密切关系来考虑这个问题的。人在认识和实践中就和外在世界打成一片，按自己的意志和性格来改变外在事物，使它们变成为自己服务的，这样就使环境人化了，在客观世界上打下人的烙印了。同时人就在这实践过程中认识自己，再现自己，肯定自己。值得注意的是，在马克思主义以前，黑格尔已把实践的观点提到重要的地位。马克思在《关于费尔巴哈的提纲》里曾指责费尔巴哈派唯物主义对事物"不从主体方面和实践方面去理解，却让唯心主义抽象地发展了能动的（即实践的、主体的）方面"，这里所说的唯心主义当然也包括黑格尔。他确实开始认识到主体方面实践的重要性，隐约见到马克思所说的"环境的改变和人的活动的一致"。他的美学思想确有实践观点的萌芽，他举过一个浅显的例子，说明艺术如何使人在外在事物中进行自我创造：

例如一个男孩把石头抛在河水里，以惊奇的神色去

看水中所现的圆圈，觉得这是一个作品，在这作品中他
看出他自己活动的结果。这种需要贯串在各种各样的现
象里，一直到艺术作品里的那种样式的在外在事物中进
行自我创造。

所谓"自我创造"就是"自我肯定"或"自我实现"。马克思在
《为〈神圣家族〉写的准备论文》里把这种自我创造和劳动联系
起来说：

> 黑格尔把人的自我产生看作一种过程……这就是
> 说，他看出了劳动的本质，他把对象性的（客观的）
> 人，真正现实的人，看作他自己劳动的产品。

这就是说，他看出劳动的本质在于人在改变自然中产生自己，实
现自己。这种思想黑格尔在谈"英雄时代"最适合理想艺术时说
得更清楚：

> 英雄们都亲手宰牲畜，亲手来烧烤，亲自训练自己
> 所骑的马，他们所用的器具也或多或少是亲手制造出来
> 的，犁、防御武器、盔甲、盾、刀、矛都是他们自己的
> 作品，或是他们都熟悉这些器具的制造方法。在这种情
> 况之下，人见到他所利用的……一切东西，就感觉到它
> 们都是他自己创造的，因而感觉到所要应付的这些事物
> 就是他自己的事物，而不是在他主宰范围之外的异化了
> 的事物……
>
> 总之，到处都可见新发明所产生的最初欢乐，占领

> 事物的新鲜感觉和欣赏事物的胜利感觉……在一切上面
> 人都可以看出他的筋力，他的双手的灵巧，他的心灵的
> 智慧或英勇的结果……

不过这种重视劳动的思想在《美学》中只偶露萌芽，黑格尔的基本思想还是把人的自我实现看成是"理念"的自生发展或"外化"，所以马克思在上引论文里指出了这个局限性说："黑格尔只知道而且只承认劳动的一种方式，即抽象的心灵的劳动。"③

四、《美学》作为艺术史大纲：三大历史阶段和三种艺术类型

《美学》不仅是一部美学理论著作，也是一部艺术史大纲。黑格尔把人类文化发展史看作人类精神逐渐征服自然的历史。在原始时代，人类处在蒙昧状态，精神还未醒觉，与自然一样只是"自在"的。文化开始发展以后，人才逐渐有自意识，感觉自己与自然的分别和对立，要凭自己的认识和意志去影响自然、改变自然，这时人才成为不仅是"自在"的，而且是"自为"，亦即"自觉"的。精神达到自觉，不但外在事物成为人类认识和实践的对象，而且人本身也由认识的主体变为认识的对象，亦即变为客观存在的一部分。随着文化的发展，人类精神在自觉方面也在发展，主要在于驾驭自然的能力日渐提高。理想的境界是精神能得心应手地运用自然，使精神与自然（亦即主体与客体）融合成为和谐的统一体。艺术处在精神发展中的初级阶段，与艺术对立的是宗教，宗教处在中间阶段，这两个对立面的统一便构成最高阶段的哲学。艺术既然是"理念的感性显现"，也就是精神与自

然统一的一个事例，因为理念或理性内容来自精神方面，而感性形式来自感官所接触的自然方面。这两方面的关系可以处理得恰到好处，达到理想，也可以有所偏重，时而偏重感性自然即形式方面，时而偏重主体精神即内容方面。黑格尔就根据这些差异把艺术发展分为三种类型，亦即三个阶段。

最初的阶段是象征型艺术。在这个阶段，人类刚摆脱蒙昧状态，精神还没有完全达到自觉，对于理性内容还只有一种朦胧的认识，因而找不到适合的感性形式去表达它，只能采用符号来象征朦胧认识到的精神内容。例如，印度婆罗门教的"梵"只是一种没有任何定性的浑然太一，由它本身推演不出任何具体形象来，于是就凭偶然的联系，把牛猴之类动物当作"梵"来崇拜。内容既然不明确，就很难说形式对内容是否适合。典型的象征艺术是印度、埃及、波斯等东方民族的建筑，如神庙、金字塔之类。这种艺术一般是用形式离奇而体积庞大的东西来象征一个民族的抽象理想，所产生的印象往往不是内容与形式和谐的美，而是巨大物质压迫心灵的那种"崇高风格"。总之，象征型艺术在理性内容方面是不明确的，在感性形象方面是不适合的，而二者的结合所用的象征方式是牵强的，所以不符合艺术的理想。这种缺陷终于导致象征型艺术的解体，过渡到较高类型的古典型艺术④。

古典型艺术的特征就在理性内容和感性形象达到了完满的和谐一致。内容中没有什么没有表现出来，而形象中也没有什么不是表现内容的。其原因在于人类已达到完全的自觉，对自己和对客观世界都有了明确的认识。最典型的古典型艺术是希腊雕刻，在希腊雕刻里，神总是作为人而表现出来的。人首先从他本身上认识到神或绝对，人体既是精神的住所，所以也是精神的最适合的感性显现形式。雕刻只表现静态而不表现动作，它所表现的精神一般是静穆和悦的。黑格尔把这种古典型艺术尊为理想的艺术。但是精神是无限的、自由的，而古典型艺术用来表现精神的人体形式毕竟是有限的、不自由的。这种矛盾终于导致古典型艺术的解体和浪漫型艺术的产生。

黑格尔所理解的浪漫型艺术就是从中世纪开始的在基督教统治之下的西方资产阶级的艺术，不限于十八、十九世纪之交的浪漫运动。在浪漫型艺术里，精神回到它本身，有自意识的人回到他的"自我"，沉没到自己的内心生活中去，因而和外在客观世界对立起来，采取了藐视现实的态度，凭创作主体个人的意志和愿望对客观世界的感性形象任意摆弄，这样就失去了艺术内容与形式两方面应有的和谐一致。同时，由于出发点是自我中心和个人主义，浪漫型艺术中的人物性格就不再像古典型人物性格那样体现伦理、宗教和政治的普遍理想，而只体现主体个人的意志情感和愿望。近代人的灵魂是一种分裂的灵魂。近代艺术中的冲突也主要是人物性格本身分裂的冲突、情感的激动和怅惘，不再有古典型艺术的那种静穆和悦气象。古典型艺术经常避免的罪恶、痛苦、丑陋之类消极现象在浪漫型艺术里却占了很大的地位。

这种精神本身的分裂以及它与客观世界的分裂，依黑格尔看来，不仅要导致浪漫型艺术的解体，而且要导致艺术本身的解体。从此人类就不能满足于从感性形象去认识理念，精神就要进一步脱离物质，专注于精神本身，以哲学的方式去认识理念了。黑格尔虽不曾明说艺术终将灭亡，但他对于艺术的未来是极其悲观的，他的话是这样说的：

我们尽管可以希望艺术还会蒸蒸日上，日趋于完善，但是艺术的形式已不复是心灵的最高需要了。我们尽管觉得希腊神像还很优美，天父、基督和马利亚在艺术里也表现得很庄严完美，但是这都是徒然的，我们不再屈膝膜拜了。

这种声调毕竟是替艺术唱挽歌的声调！

五、哲学取代艺术说，唯心史观与唯物史观的对立

黑格尔何以把艺术导至死胡同里呢？这是由于他始终只能从资产阶级的唯心史观看问题。他处在西方资产阶级上升时代，当时资本主义的祸害已开始暴露，在生产关系方面劳资对立日益尖锐化；在生产方式方面日益精密的分工制阻止了个人的全面发展，年复一年地拘守某一零件的机械操作，尝不到创造事物和改变世界的乐趣；在社会关系方面，人，从自私自利的个人主义出发，尔虞我诈，闹得个人与社会完全脱节。这些情况都不利于文艺的发展。关于这一点黑格尔是认识得很清楚的，他对于近代"工业文化"作过如下的描绘：

需要与工作（即劳动——译者注）以及兴趣与满足之间的宽广关系已完全发展了，每个人都失去他的独立自足性而对其他人物发生无数的依存关系，他自己所需要的东西或是完全不是他自己工作的产品，或是只有极小一部分是他自己工作的产品。还不仅此，他的每种活动并不是活的，不是各人有各人的方式，而是日渐采取按照一般常规的机械方式。在这种工业文化里，人与人

互相利用，互相排挤，这就一方面产生最酷毒状态的贫
穷，一方面产生一些富人。

从工业文化中的严格分工，利己的个人主义以及贫富悬殊这些弊
病见出资产阶级文艺势必趋于解体，黑格尔大体上是正确的。马
克思和恩格斯后来也着重地指出过资本主义社会情况不利于文艺
的发展，把这一点看作资本主义必须推翻而代以共产主义的理
由，并且展望到在共产主义社会中文艺将达到空前的繁荣。黑格
尔却从资产阶级文艺的解体就断定文艺本身也就必然解体。这种
论断是不能成立的。首先，这种论断就否定了黑格尔本人的辩证
发展由低级逐渐上升到高级的观点。象征型艺术和古典型艺术不
是也都有过解体阶段而过渡到较高一级的新型艺术吗？何以浪漫
型的资产阶级艺术解体之后就不能过渡到更高一级的新型艺术
呢？黑格尔的答案是艺术从此就要让位于更高级的精神活动，即
哲学。他显然忘记了他所奉为理想的希腊古典艺术是和同样繁荣
的希腊古典哲学并存过的。他想象不到资产阶级文艺解体之后还
会有更高一级的社会主义文艺，和他看不到资本主义社会解体之
后还会有更高一级的新型社会，理由是一致的，都要推原到他的
唯心史观。这种唯心史观是和马克思主义的唯物史观直接对立
的。依马克思主义的唯物史观，推动历史向前发展的首先是经济
基础或生产关系的总和，其次是法律的政治的上层建筑，第三是
艺术、宗教、哲学、伦理教条和政法观点之类意识形态，是适应
经济基础与上层建筑的，虽然也对经济基础起重要的反作用，但
毕竟是第二性的。几千年来的世界历史发展都证实了这种辩证唯
物史观的正确性。黑格尔的唯心史观则与此相反，推动历史发展
的不是生产实践和经济基础而是精神基础，历史发展就是抽象概

念或人类理想"外化"或"具体化"为客观世界的过程，而这过程终止于绝对理念，如上文已经解说过的。艺术发展之有止境，正因为黑格尔眼中的人类精神的发展有止境。艺术发展在人类精神发展中只处在初级阶段，而且是局限于初级阶段的。整部世界文艺史已彻底推翻了这种荒谬的悲观论调。

毛泽东曾经指出："在阶级社会中，每一个人都在一定的阶级地位中生活，各种思想无不打上阶级的烙印。"黑格尔的思想体系的阶级烙印是很明显的。他始终是站在德国具体社会情况下的资产阶级立场来歪曲历史发展。他继承启蒙运动所鼓吹的理性和自由的余绪，幻想资产阶级的理性和自由这层外衣所掩盖的个人主义在任何时代都是最高准则。他眼看当时资产阶级现实生活并没有所谓理性和自由，而只有个人主义所产生的种种丑恶现象，于是又幻想过去希腊时代曾经有过这种理性的自由。他所景仰的德国诗人席勒曾经把古希腊作为他逃避现实的避风港。他本人也是如此，不但把希腊古典文艺悬为理想，而且认为荷马所写的"英雄时代"（亦即奴隶制开始的时代）的英雄人物性格都以他所说的"独立自足"（亦即自由）为特征。"英雄时代"的好处据说就在社会理想还没有僵化为束缚个人自由的呆板的政法制度和道德信条，个人还可以凭自己的认识和意志去行事，能替自己的行为负责。黑格尔的英雄人物当然只限于奴隶主。即使奴隶主也还要依靠剥削奴隶的劳动。个人"独立自足"这种反社会的口号，在任何社会里都是反动的，而且也不可能成为事实的。

六、自然美和艺术美的区别

接着还要约略提一下艺术美与自然美是否对立的老问题。黑格尔把他的《美学》看作"艺术哲学",艺术以外的美当然不在他的讨论范围之内。他并没有完全抹煞自然美。《美学》第一卷第一章就专门分析自然美,而且美的定义"理念的感性显现"中的"感性"因素就属于自然,为艺术表现所必不可少的。不过他轻视自然美却是事实。他说得很明白:

> 艺术美高于自然美,因为艺术美是由心灵产生而且再生的(心灵就自然材料加工,表现为艺术作品——译者注),心灵及其产品比自然及其现象高多少,艺术美也就比自然美高多少。

> 自然美只是属于心灵的那种美的反映,它所反映的只是一种不完全、不完善的形态。

举例来说,荷兰的风景画和风俗画所反映的只是平凡的自然。这种平凡的自然并不是因为它本身有美的价值,而是因为它反映了荷兰人民和自然与外来侵略做过长期英勇斗争才获得自由和繁荣后所感到的欣慰和自豪感。在这个意义上,自然美其实还是一种雏形的艺术美,也必须含有精神因素。黑格尔还认为人类愈向前发展,精神(即心灵)也随之发展,标志之一是自觉性愈来愈高,标志之二是艺术愈来愈降低物质作用,提高精神作用,例如建筑、雕刻、绘画、音乐和诗这些主要艺术门类的演进,就是逐渐贬低物质因素而提高精神因素的过程。关于自然美与艺术美这个久经争论的问题,黑格尔的看法是片面的,毛泽东《在延安文艺座谈会上的讲话》中指出:"人类的社会生活虽是文学艺术的唯一源泉……虽然两者都是美,但是文艺作品中反映出来的生活却可以而且应该比普通的实际生活更高、更强烈、更有集中性、更典型、更理想，因此就更带普遍性。"这才是马克思主义对自然和艺术关系的正确的辩证的看法。从表面看，除第一句以外，上引毛泽东的一段话似是黑格尔也会赞同的；但是基本差别正在"唯一源泉"问题。毛泽东坚持马克思主义的反映论，认为艺术是反映物质基础的，而黑格尔则坚持他的客观唯心主义，认为艺术中起决定作用的是精神性的"理念"，这正是"首足倒置"。

七、《美学》的历史背景，它在历史上的进步意义和局限性

以上是黑格尔思想体系，特别是美学思想的一些主要线索，我们看到其中矛盾重重，有成功的方面，也有失败的方面，有积极的方面，也有消极的方面。这些都不能孤立地看，须结合当时社会背景来看。黑格尔处在十八和十九世纪之交，在西方历史上是一个大转变、大动荡的时代。最大的事件是法国启蒙运动及其直接后果：法国资产阶级革命。黑格尔从这一伟大时代潮流受到了积极的影响，帮助他形成了辩证发展的历史观和资产阶级的自由和理性的理想。他所出生的德国在政治经济方面都还很落后，在长期封建小朝廷割据分争之后，普鲁士才开始统一德国，逐渐建成军事帝国。社会基本上还处于封建型，资产阶级还在依附封建力量，极为软弱。农工商各业都远远落后于英法，到十九世纪三十年代，即黑格尔死后，德国才开始有大工业和工人运动。黑格尔当然不可能瞭望到未来的工人运动和无产阶级革命，在阶级地位上他属于软弱的资产阶级，但力求迎合普鲁士王国的政治制度和理想。这就说明了他在思想上有很大的保守性和妥协性。在

文化方面，当时德国处境也很特殊。马克思在《政治经济学批判》导言里提到物质生产和艺术生产不平衡时说过："某些有重大意义的艺术形式只有在艺术发展的不发达阶段上才是可能的……在整个艺术领域同社会一般发展的关系上〔也〕有这种情形。"古希腊是一个例证，近代德国也是一个例证。德国当时政治经济状况尽管很落后，但哲学和文艺的繁荣都达到了近代西方的高峰。这种不平衡状态曾引起过一些疑问和争论，其实马克思主义创始人早已作了解答。恩格斯在《德国的局势》一文里是这样说的：

> 一切都已腐朽、衰颓，在迅速崩溃，连最微细的好转希望也没有……唯一好转的希望在文学。（"文学"和下文"世界文学"都泛指一般文献——引者）

这就是说，一般德国知识分子在当时社会落后状态之下，只有文化事业一条出路，这方面还有美好的希望。

此外，上述不平衡的发展单在德国本身还得不到完满的解答，还要结合到德国以外的世界情况。马克思、恩格斯在《共产党宣言》里也就世界市场的形成情况作了解答：

> 过去那种地方的和民族的自给自足和闭关自守状态，被各民族的各方面的互相往来和各方面的互相依赖所代替了。物质的生产是如此，精神的生产也是如此。各民族的精神产品成了公共的财产。民族的片面性和局限性日益成为不可能，于是由许多种民族的和地方的文学形成了一种世界的文学。

世界文学既已形成，研究一个作家及其作品，不能片面孤立地从他所出生的那个国家和时代着眼，必须研究他所受到的全世界范围的文化及其历史的影响。黑格尔和歌德一样，都是当时德国最渊博而且最敏感的学者，即是说，他受到了世界范围的文化影响既广且深，是文艺复兴的继承人，启蒙运动的参与者，过去西方哲学的集大成者。当时已开始进入帝国主义时代，资产阶级正在进行地理探险和殖民扩张，西方知识分子也日益放眼世界，到处寻求精神食粮，接触到埃及、印度、波斯、中国乃至北美印第安族的文化，进行了大量翻译和介绍。这方面德国学者的贡献是很突出的。民歌和中世纪文物的搜集与研究对当时的浪漫运动也起了促进作用。温克尔曼、莱辛和希尔特诸人对古代造型艺术（特别是希腊雕刻）的研究掀起了崇拜希腊古典的风气，把十五、十六世纪文艺复兴运动推进了一步，由此把拉丁古典文艺复兴推进到希腊古典文艺复兴。当时百家争鸣风气空前活跃。例如长达百年之久的古今优劣之争到黑格尔时代还没有结束。总之，黑格尔是在欧洲政局大动荡、学术空气极浓厚的形势中培育出来的，在哲学、历史哲学、文艺作品及其理论各方面都有比此前学者远较广阔的视野和远较强大的促进动力，否则《美学》这部著作是写不成的。他的成就是历史发展理应达到的结果。

《美学》这部著作的基本矛盾和局限，上文在讨论各个问题中已约略指出，它究竟有没有值得借鉴和批判继承的地方呢？

要解答这个问题，最稳妥的途径是细心钻研马克思主义创始人关于文艺方面的论著。他们都细心阅读过黑格尔的《美学》，对黑格尔进行过深刻的批判，肯定了他"把世界描写为处在不断的运动变化、转变和发展中，并企图揭示这种运动和发展的线索"，《美学》就是把艺术描写为辩证发展过程并揭示其发展线索的范例。它不仅是一部美学理论，尤是重要的是一部艺术发展史。他的基本错误在把物质与精神（存在与意识）的关系首足倒置的唯心史观。马克思主义的唯物史观正是由批判黑格尔的唯心史观而吸收其辩证法中的合理内核而建立起来的。在这个意义上，黑格尔对马克思主义唯物史观毕竟是有所贡献的。马克思主义文艺理论中有许多观点都可以溯源到黑格尔的《美学》，例如人在劳动过程中改造客观世界，同时肯定自己和改造自己的实践观点，人的全面发展观点，"外化"⑤和"异化"观点，资本主义社会不利于文艺发展的观点，典型环境和典型性格的观点等都是如此。译者初读马克思的《经济学—哲学手稿》这部对美学极为重要的著作时，深以其艰晦难懂为苦，到译完黑格尔的《美学》以后再读这部手稿，比过去就稍懂得多一点，因此深信学习《美学》有助于深入学习马克思主义文艺理论。当然反过来说，更是如此，即深入学习马克思主义文艺理论就能更正确地理解黑格尔的《美学》。此理愿与美学界同志共参之，作为一种入门练习，不妨把上引黑格尔《美学》关于实践观点的引文和马克思《资本论》第一卷第三编第五章论"劳动"的一段话细心参较一下：

> 劳动首先是在人与自然之间所进行的一种过程，在这种过程中，人凭他自己的活动作为媒介，来调节和控制他跟自然的物质交换。人自己也作为一种自然力来对着自然物质。他为着要用一种对自己生活有利的形式去占有自然物质，所以发动属于身体的各种自然力，发动肩膀和腿以及头和手。人在通过这种运动去对外在自然进行工作，引起它改变时，也就在改变他本身的自然（本性），促使他的原来睡眠着的各种潜力得到发展，并

且归他自己去统制。我们在这里姑不讨论最原始的动物式的劳动……我们要研究的是人所特有的那种劳动。蜘蛛结网，颇类似织工纺织，蜜蜂用蜡来造蜂房，使许多人类建筑师都感到惭愧，但是即使最庸劣的建筑师也比最灵巧的蜜蜂要高明，因为建筑师在着手采用蜡来造蜂房之前，就已经在他的头脑中把那蜂房构成了。劳动过程结束时所取得的成果已经在劳动过程开始时就存在于劳动者的观念中，已经以观念（或理想）的形式存在着了，他不仅造成自然物的一种形态改变，同时还在自然中实现了他所意识到的目的。这个目的就成了规定他的动作的方式和方法的法则（规律），他还必须使自己的意志服从这个目的。这种服从并不是一种零散的动作，而是在整个劳动过程中，除各种劳动器官都紧张起来以外，还须行使符合目的的意志，这种活动表现为注意。劳动的内容和进行方式对劳动者愈少吸引力，劳动力愈不能从劳动中感到自己运用身体和精神两方面的各种力量的乐趣，他也就愈需要更多的注意。（参照原文对中译文略有校改——引者注）

马克思在这里从实践观点出发，把精神的生产活动和物质的生产活动看作是统一的，都是人在改造客观世界，从而体现自己和改造自己的实践过程。因此，这段关于劳动生产的教导不仅限于物质生产，而且也适用于文艺创造。文艺创造活动正如物质生产一样，涉及整个人的精神和身体两方面的各种力量，涉及自我意识、形象思维，也涉及由目的约制的理性考虑；涉及意志和情感，也涉及运动器官以及高度紧张中的聚精会神（即马克思所强调的"注意")。无论是文艺创作还是物质生产都可以产生美感，即"从劳动中感到自己运用身体和精神两方面的各种力量的乐趣"。因此，审美活动决不限于康德所说的不涉及目的和利益计较，也不涉及理性概念的那种抽象的光秃秃的对于形式的感性观照。如果研究美学的人都懂透了这个道理，便会认识到这种实践观点必然要导致美学领域里的彻底革命，也就会对黑格尔的实践观点的萌芽作出正确估价和批判。

就黑格尔奉希腊古典艺术为理想而对近代资本主义社会的文艺深致不满来说，他似是厚古薄今；但是他认识到每一历史阶段的文艺特征都是历史发展的必然结果，取决于当时"一般情况"和"普遍力量"，希腊古典艺术决不能在近代复活，所以他明确地反对复古倒退，反对德国著名诗人克洛卜施托克在近代企图复活已死的北欧原始宗教，赞成歌德用不同的方式来处理希腊悲剧家所用过的材料。

由于从历史发展观点出发，重视每个时代的世界情况和具体情境，黑格尔很少脱离现实。他的文艺观点大半是针对当时资产阶级文艺的流弊而提出的。这特别表现在把内容提到第一位，把形式看成由内容决定的。"理念的感性显现"这个美（即艺术）的定义就含有理性内容决定感性形式的意思。所谓"理性"并不是抽象概念，而是与具体形象融成一体的生活理想。对于今天我们社会主义文艺来说，内容决定形式是家喻户晓的大道至理；对于当时西方资产阶级文艺来说，这个提法却是对风靡一时的形式主义和颓废主义痛下针砭的。资本主义一登上历史舞台就日渐暴露出它的弊病和危机，文艺上的反映就是消极的浪漫主义。消极浪漫派都表现出厌恶现实而又看不到出路的怅惘心情。这派在德国代表的人物是蒂克、施莱格尔兄弟、甲可比和霍夫曼等人。他们根据康德门徒费希特的唯我哲学，标榜所谓"滑稽"或"暗讽"，从自我中心出发，以玩世不恭的态度对待客观世界的一切事物，把它们当作玩具，任自我尽情游戏，随意创造，也随意毁杀。他们认为这种滑稽态度就是艺术家的人生态度。他们的作品大半已为群众所厌弃了，只有黑格尔一再批判过的霍夫曼（《谢拉皮翁兄弟》的作者）在斯大林时代的苏联还有影响，所以又受到日丹诺夫的批判。消极浪漫主义的另一种表现就是感伤抑郁，因为主体既然没有坚实的明确的理想，把世界一切都看成空虚的，自我也就必然空虚，因此也就往往产生黑格尔所说的"精神上的饥渴病"。这种人物性格表现在作品里必然是软弱的。黑格尔曾举歌德的"少年维特"为例，说明"长久在德国统治着的那种感伤主义的软弱"，接着还举甲可比的作品的人物为例，对这种软弱性格作了逼真的描绘和深刻的分析，说这种人"抱着自我优越感来看现实世界，以为其中一切都值不得他关心"，"他只孤坐默想，像蜘蛛吐丝一样，从自己肚子里织出主观幻想"，并且"要求世上一切人……都能了解和尊敬他的这种孤独的灵魂美。如果旁人办不到，他就伤心刺骨，一辈子不平"。这是许多消极浪漫派诗人和一般颓废派作家的忠实写照。

黑格尔一贯主张艺术内容的严肃性，认为这种"滑稽"态度和"主体的幽默"是近代资本主义浪漫型艺术解体的征兆，正如阿里斯托芬的喜剧和罗马时代讽刺诗文的出现标志着古典型艺术的解体是一样道理。这道理就在于理想的艺术必须有"丰富而真实的旨趣以及坚持人生重大理想的性格"。这种真实旨趣和重大理想是来自一定历史阶段的"一般世界情况"通过具体情境而体现为个别具体人物的"情致"，来推动他发出动作的。黑格尔把人物性格看作"理想艺术表现的真正中心"，关于人物性格，黑格尔除反对软弱要求坚强以外，还反对片面性或抽象化，要求丰富性或完整性。他说：

> 每个人都是一个整体，本身就是一个世界，每个人都是一个完满的有生气的人而不是某种孤立的性格特征的寓言式的抽象品。

为着说明丰富性与抽象化的分别，黑格尔举莎士比亚和莫里哀为例。依他看，在描绘丰满的人物性格方面，在近代当推莎士比亚为首屈一指，他从来"不让某一抽象的情致（例如麦克白的政权欲，朱丽叶的爱情或奥瑟罗的妒忌）去淹没掉人物的丰富的个性，而是在突出一种情欲中，使人物还不失其为一个完整的人"，他的人物性格的特点是"具有个性的，现实的，生动的，高度多样化的"。至于莫里哀在喜剧里，只片面地写出人物的某一种抽象性格，如"悭吝""伪善"之类，这类"顽固的性格也是可厌的抽象品"。黑格尔在这里要区别的正是马克思和恩格斯分别写给拉萨尔论悲剧信里都提到的莎士比亚和席勒的分别。马克思在信里说："你应该更加莎士比亚化，我认为你现在最大的毛病就是把个别人物变成时代精神的单纯传声筒的席勒方式。"恩格斯也指责拉萨尔的戏剧观点"太抽象而不够现实主义"，接着说："依我的戏剧观点，我们不应为了观念性的东西而忘掉现实的东西，为了席勒而忘掉莎士比亚……"这些观点对文艺创作都是有益的教导，是对"主题先行""三突出"之类谬论的有力批判。

趁便可以说明恩格斯的《费尔巴哈和德国古典哲学的终结》这部经典著作，因译文一字之差，在一般人心中可能引起的误解。恩格斯在这部著作里正要说明马克思是在批判继承费尔巴哈和黑格尔所代表的德国古典哲学的基础上，才建立起辩证唯物主义和历史唯物主义的，并非说德国古典哲学到了马克思时代就"终结"了。马克思在举世都把黑格尔看作"死狗"时郑重声明过"我是黑格尔的学生"，而且恩格斯在上述著作里的最后一句话是"德国的工人运动是德国古典哲学的继承者"。怎么能认为德国古典哲学到了马克思时代就已"终结"呢？原来"终结"是译原文 Ausgang 的。过去英、法、俄三种译本也都把这个词译为"终结"或"终点"，中译因此也以讹传讹。查 1962 年柏林德国科学院新出版的多卷本《现代德语大词典》，在 Ausgang 的 44 项下正引恩格斯的上述著作为例来解释这个词有"一个时间段落"的意思。再查 1964 年美国纽约国际出版局印行的马克思的《经济学—哲学手稿》新译本，在第 230 页注文里引恩格斯的上述著作标题用 outcome 译 Ausgang，outcome 是"结果"或"成果"，两书都没有用"终结"，"结果"显然较妥。

关于译注

以上是理解和批判黑格尔《美学》所应抓住的一些要点。其他值得注意的问题在这里不能详谈，只在各章注脚中趁便点出。《美学》德文原文版的编者没有加注，只附载词汇的简介和引得，英译本偶尔有注，法译本和俄译本都基本上没有加注。为了大多数读者的方便，译者加了一些译注。译注分三种：（一）较难章节的释义和提要；（二）点明从马克思主义观点看值得注意的一些问题；（三）词汇和典故的简介。译者从事这项翻译工作时断时续，基本上是单干，很难得有寻师问友的机会，经常以孤陋寡闻为苦。译文和译注虽屡经易稿或修改，不妥或错误的地方一定还很多，衷心请求认真的读者指出或提意见寄出版社，备将来修改时参考。在此应趁便感谢一些读者对早出版的本译本第一卷所提的意见，这次复校第一卷时已尽量吸收。

注释

①普列汉诺夫对《费尔巴哈和德国古典哲学的终结》作过注释。李夫希茨编过《马克思恩格斯论艺术与文学》，有中译本。多列斯编选过法文本《马克思恩格斯论文艺》，附有长篇序文。卢卡契写过长文评介黑格尔的《美学》，作为民主德国出的一卷本《美学》全书的序论。柯赫著有《马克思主义美学史》，五十年代柏林出版。

②这个词本义是"印象"或"观念"，引申为柏拉图的"理式"和黑格尔的"理念"，客观唯心主义实际是唯理主义。

③关于这一节，请参看拙著《西方美学史》"结束语"部分为新版补写的《形象思维：从认识和实践的观点来看》一文。

④象征（Symbolismus）即我国诗论中"比"的一种用法，是文艺用形象思维的一种起点，所以第二卷论象征型艺术部分是研究形象思维的一种重要资料。象征型艺术与原始神话分不开，和近代象征主义流派有关联而实质不同。

⑤"外化"可能有两个不同的意思：一个是"对象化"，即把主体方面的精神因素转化为客观的物质的东西；另一个是"异化"（Entfremdung, Alienation）或"疏远化"。私有制就是"异化"的结果，例如劳动产品从工人"异化"到资本家手里；由于分工制，工人得不到全面发展，他本来有的才能遭到了摧残或凋萎，他的劳动本身对他也成为和他自己相对立的"异化"了的活动。到了私有制废除的共产主义社会，"异化"就不再存在。"异化"问题在近代马克思主义理论家中一直在引起争论，可参看斯屈柔克（Dirk J. Struik）为纽约国际出版局 1964 年新出版的马克思的《经济学—哲学手稿》英译本所写的序言和名词释义，作者详细追溯了"异化"观念由

黑格尔和费尔巴哈到马克思的发展。他认为马克思后来虽不常谈"异化"，却没有放弃这个概念，举了《资本论》中《商品的拜物教》和第三卷引用过"异化"这个词作为例证。

关于人性、人道主义、人情味和共同美问题[①]

　　我国解放的三十年中，文艺出现过前所未有的繁荣景象，但发展道路是崎岖曲折的。这期间，有右的和左的干扰，特别是林彪和"四人帮"对文艺界施行法西斯专政长达十年之久，对文艺创作和理论凭空设置了一些禁区，强迫文艺界就范，造成了万马齐喑的局面，滋长了一些歪风邪气，败坏了学风和文风。粉碎"四人帮"之后，局面才日渐好转。但对过去形成的一些禁区仍畏首畏尾，裹足不前。这是和四个现代化的步伐不合拍的，是不可能促进文艺繁荣的。当前文艺界的最大课题就是解放思想、冲破禁区。

　　要冲破的禁区很多。我只就文艺创作和美学中的一些禁区提出自己的看法。

　　首先就是"人性论"这个禁区。什么叫做"人性"？它就是人类自然本性。古希腊有一句流行的文艺信条，说"艺术摹仿自然"，这个"自然"主要就指"人性"。西方从古希腊一直到现代还有一句流行的信条，说文艺作品的价值高低取决于它摹仿（表现、反映）自然是否真实。我想不出一个伟大作家或理论家曾经否定过这两个基本信条，或否定过这两个信条的出发点"人性论"，尽管在性善性恶的问题上常有分歧。我们中国过去在人性论的问题上也基本上和西方一致。可是近来"人性论"在我们中间却成了一个罪状或一个禁区。特别在流行的文学史课本中说某个作家的出发点是人性论，就是对他判了刑，至少是嫌他美中不足。为什么出现了这种论调呢？据说是相信人性论，就要否定阶级观点，仿佛是自从人有了阶级性，就失去了人性，或是说，人性就不起作用。显而易见，这对马克思主义者所强调的阶级观点是一种歪曲。人性和阶级性的关系是共性与特殊性或全体与部分的关系。部分并不能代表或取消全体，肯定阶级性并不是否定人性。马克思《经济学—哲学手稿》整部书的论述，都是从人性论出发，他证明人的本质力量应该尽量发挥，他强调的"人的肉体和精神两方面的本质力量"便是人性。马克思正是从人性论出发来论证无产阶级革命的必要性和必然性，论证要使人的本质力量得到充分的自由发展，就必须消除私有制。因此，人性论和阶级观点并不矛盾，它的最终目的还是为无产阶级服务。毛泽东同志关于人性论的教导也很明确：

> 有没有人性这种东西？当然有的。但是只有具体的人性，在阶级社会里就只有带着阶级性的人性，而没有超阶级的人性。

很明显，到了共产主义时代，阶级消失了，人性不但不会消失，而且会日渐丰富化和高尚化。那时文艺虽不再具有阶级性，却仍然要反映人性，而且反映具体的人性。所谓"具体"，就是体现于阶级性以外的其他定性，体现于另样的具体人物和具体情节。就是说，那时候的文艺，将帮助人、影响人，把人性提得更高、更完美、更善良。

总之，凭阶级观点围起来的这种"人性论"禁区是建筑在空虚中的，没有结实基础的。望人性论而生畏的作家们就必然要放弃对人性的深刻理解和忠实描绘，这样怎么能产生名副其实的文艺作品呢？有不少的作家正犯此病，因而只能产生一些田园诗式或牧歌式的歌颂和一些概念的图解。要打破这种公式化概念化，首先就要打破"人性论"这个禁区。打破这个禁区，文艺才能踏上康庄大道。这也是"不破不立"大原则中的一个事例。

第二，与"人性论"这个禁区密切相联系的还有壁垒同样森严的"人道主义"禁区。人道主义事实上是存在的。有人性，就有人的道德。人道主义是西方文艺复兴时代作为反封建反教会而提出来的一个口号，尽管它有时还披着宗教的伪装，但是以人道代替神道的基本思想最后终于冲破了基督教会在西方长达一千余年的黑暗统治。在法国资产阶级革命中《人权宣言》所标榜的"自由"和"平等"以及后来添上的"博爱"就是人道主义的具体政治内容。所以人道主义在近代西方起过推动历史前进的作用，尽管后来基督教会把"博爱"这个它早已用过的口号片面地加以夸大，成了帝国主义对内宣扬阶级妥协对外宣扬殖民统治的武器。总之，人道主义在西方是历史的产物，在不同的时代具有不同的具体内容，却有一个总的核心思想，就是尊重人的尊严，把人放在高于一切的地位，因为人虽是一种动物，却具有一般动物所没有的自觉性和精神生活。人道主义可以说是人的"本位主义"，这就是古希腊人所说的"人是衡量一切事物的标准"，我们中国人所常说的"人为万物之灵"。人的这种"本位主义"显然有它的积极的社会功用，人自觉到自己的尊严地位，就要在言行上争取配得上这种尊严地位。一切真正伟大的文艺作品无不体现出人的伟大和尊严。从古代的神话、雕刻、史诗和悲剧到近代的小说和电影都是如此。马克思不但没有否定过人道主义，而且把人道主义与自然主义的统一看作真正共产主义的体现。在美学方面，且不说贯串康德和黑格尔美学著作中的都是人道主义，就连激进派车尔尼雪夫斯基也说得很明确：

> 在整个感性世界里，人是最高级的存在物；所以人的性格是我们所能感觉到的世界上最高的美。至于世界上其他各级存在物只有按照它们暗示到人或令人想到人的程度，才或多或少地获得美的价值。

为什么我们中间有些理论家，特别是文学史课本的编写者，一遇到人道主义就嗤之以鼻呢？据说因为它是资产阶级货色，反资产阶级复辟，就必须反人道主义。这无异于要倒掉洗婴儿的脏水，就连婴儿也一齐倒掉。他们不但忘记了他们天天挂在口头上的马克思和车尔尼雪夫斯基，而且竟忘记了许多善良的人从林彪和"四人帮"那里所受到惨无人道的法西斯迫害，这批人妖才是人道主义的死敌！

第三，由于否定了人性论，"人情味"也就成了一个禁区，因为人情也还是人性中的一个重要因素。在文艺作品中人情味就是人民所喜闻乐见的东西。有谁爱好文艺而不要求其中有一点人情味呢？可是极左思潮泛滥时，人情味居然成了文艺作品的一个罪状。对老舍、巴金等同志的一些小说杰作，艾青同志的一些诗歌以及对影片《早春二月》的批判和打击至今记忆犹新，而余毒也似未尽消除，人情味的反面是呆板乏味，文艺作品而没有人情味会成什么玩艺儿呢？那只能是公式教条的图解式或七巧板式的拼凑。今天敲敲打打吹上了天，明日便成泄了气的气球，难道这种"文艺作品"的命运我们看到的还少吗？无论在中国还是在外国，最富于人情味的主题莫过于爱情。自从否定了人情味，细腻深刻的爱情描绘就很难见到了。为什么有相当长的一个时期人们都不爱看我们自己的诗歌、戏剧、小说和电影，等到"四人帮"一打倒，大家都爱看外国文艺作品和影片呢？还不是因为我们作品人情味太少，"道学气"太重了吗？道学气都有一点伪善或弄虚作假。难道这和现实主义文艺或浪漫主义文艺有任何共同之处吗？提到政治思想的高度来说，难道社会主义社会中的男男女女都要变成和尚尼姑，不许尝到，也不许表现出人世间的悲欢离合吗？

第四，人性论和人情味既然都成了禁区，共同美感当然也就不能幸免。人们也认为肯定了共同美感，就势必否定阶级观点。毫无疑问，不同的阶级确实有不同的美感。焦大并不欣赏贾宝玉所笃爱的林妹妹，文人学士也往往嫌民间大红大绿的装饰"俗气"。可是这只是事情的一个方面，事情还有许多其他方面。因为美感这个概念是很模糊的，美感的来源也是很复杂的。过去有些美学家认为美仅在形色的匀称、声音的谐和之类形式美，另外一些美学家却把重点放在内容意义上，辩证唯物主义者则强调内容和形式的统一。就美感作为一种情感来说，它也是非常复杂的，过去美学家大半认为美感是一种愉快的感觉，可是它又不等于一般的快感，不像渴时饮水或困倦后酣睡那种快感。有时美感也不全是快感，悲剧和一般崇高事物，如狂风巨浪、悬崖陡壁等所产生的美感之中却夹杂着痛感。喜剧和滑稽事物所产生的美感也是如此，同一美感中就有发展转变的过程，往往是生理和心理交互影响的。过去心理学在这方面已做过不少的实验和分析工作，得到了一些公正的结论，但未得到公认结论，待进一步研究的问题还很多。现在我们中间很多人对这方面的科学研究还毫无所知，或只是道听途说，就对美感下结论，轻易把"共同美感"摆入禁区，这也是一个学风问题。

究竟有没有共同美感呢？

根据何其芳同志在 1977 年《人民文学》第九期里回忆毛泽东同志谈话的文章，毛泽东同志是肯定了共同美感的。他说："各个阶级有各个阶级的美，各个阶级也有共同的美，'口之于味，有同嗜焉'。"我们在另一文介绍《经济学—哲学手稿》和《资本论》论劳动的部分也已经看到马克思肯定了人类物质生产和精神生产都因为人在劳动中发挥了肉体和精神两方面的本质力量而感到乐趣。这种乐趣不就是美感吗？马克思因此进一步肯定了艺术起源于劳动。劳动是人类的共同职能，它所产生的美感能不是人类共同美感吗？

马克思和毛泽东同志都是全世界无产阶级革命的导师，同时也都是"共同美感"的见证人。马克思在一系列著作中高度评价过奴隶社会、封建社会和资本主义社会的一系列的文艺杰作，从古希腊的神话、史诗、悲剧、喜剧，文艺复兴时代的但丁《神曲》，莎士比亚的悲剧，塞万提斯的《堂吉诃德》，直至近代巴尔扎克的《人间喜剧》，而且早年还亲自写过爱情诗。毛泽东同志也是如此，现代没有哪一位"国故"专家对中国古典有毛泽东同志那样渊博而深湛的认识和终生不倦的钻研和爱好，而且在自己的光辉的诗词中吸取了中国古典精华，甚至不放弃古典诗词的格律，真正做到了推陈出新。难道这两位革命导师对各种类型社会古典文艺的爱好，还不能证明不同时代、不同民族和不同阶级有共同的美感吗？

还不仅如此，否定共同美感，就势必要破坏马克思主义关于文化（包括文艺在内）的两大基本政策：一是对传统的文化遗产的批判继承；一是对世界各民族的文化的交流借鉴，截长补短。在文艺方面这两大政策的实施不但促进了文艺繁荣，也促进了各民族之间的互相了解，和平共处。否定共同美感，就势必割断历史，不可能有批判继承；也势必闭关自守，坐井观天，不可能有交流借鉴。生今之世，能否定文化继续和文化交流吗？

第五，特别要冲破的是江青和她的走卒们所吹嘘的"三突出"谬论对于人物性格所设置的一些禁区。文艺作品总离不开人，特别是有故事情节的戏剧和小说，亚理斯多德把戏剧中的角色叫做"在行动中的人"，马克思主义者把他们叫做"典型环境中的典型性格"。角色之中有主次之分，首要的角色叫做主角，在西文为 hero，这个西文词的一般意义是"英雄"。主角可以是英雄人物，也可以是所谓"中间人物"和"小人物"。在封建时代，戏剧和小说的主角大半是些英雄人物，因为当时只有封建社会上层人物才能作为主角反映在文艺作品里，为着维护或表扬他们的高贵尊严，他们大半被描写成为英雄人物。不过只是在悲剧性或严肃性的作品里如此，至于在喜剧性的作品里，如莫里哀的《伪君子》和《贵人迷》之类喜剧主角却都不是什么英雄，而是些卑鄙可笑的人。到了近代资产阶级登上了政治舞台，因而也登上了文艺舞台，文学创作中现实主义也占上风了，情形就有了彻底的变化。现实主义派抛弃过去歌颂英雄人物和伟大事迹的习尚，有意识地描写社会下层人物。在十九世纪俄国现实主义中，写"小人物"和"多余的人"是作为一个正式口号提出来的。莱蒙托夫的著名小说《当代英雄》（应译为《现时代的主角》）中的主角毕乔林就不是什么英雄人物，而是典型的小人物或多余的人物。过去时代的主角是统治阶级的领导人物，而"现时代的主角"却是毕乔林之类没落阶级悲观厌世、行为卑鄙的人物了。

我约略叙述这种历史转变，因为从此可以揭示江青及其走卒们所吹嘘的"三突出"谬论的反动性。这批害人虫妄图把封建时代突出统治阶层首脑人物的老办法拖回到现代戏里来，骨子里还是为着突出他们自己，为他们篡党夺权作思想准备。他们理想中的英雄人物有两大特点：第一是十全十美，没有一点瑕疵；其次是始终一致，人物没有发展，结果使文艺作品中的主角不是有血有肉的人，而是概念公式的图解或漫画式的夸张。近代英国小说家福斯特（E. M. Forster）在《论小说的各方面》一书中指出小说人物可分两种：一种是看不出冲突发展的"平板人物"（flat character），另一种是看得出冲突发展的"圆整人物"（round character）。他认为小说不应写出前一种人物而应写出后一种人物。"四人帮"所吹捧的恰是前一种，所禁忌的恰是后一种，仿佛宋江不应有"坐楼杀惜"，李逵也应该莽撞到底，他们狂妄无知竟到了这种程度！

其次，由于他们要片面地突出"英雄人物的高大形象"，就把所谓"中间人物"和"小人物"列入禁区，把描绘小人物和中间人物的能手赵树理的作品打入冷宫，并把他迫害致死。想起无数类似的事例，谁不痛心疾首！遭殃的并不限于一些优秀作家和优秀作品，还应想一想由江青盗窃来加以篡改歪曲的八部"样板戏"成了几多大大小小作家的"样板"！几多人有意识地或无意识地陷入那批人妖所设置的陷阱？结果形成了什么样的文风？在青年一代思想中造成了多么大的危害？

冲破他们所设置的禁区，解放思想，恢复文艺应有的创作自由，现在正是时候了！

注释

①此文载 1979 年第三期《文艺研究》，与《谈美书简》第六节标题不同，文字也有出入。——编者注

对《关于费尔巴哈的提纲》译文的商榷

（根据《马克思恩格斯选集》第一卷第 16—19 页）

马克思的辩证唯物主义和历史唯物主义是在批判黑格尔和费尔巴哈的基础上发展出来的，在 1845 年写的《关于费尔巴哈的提纲》制定了批判费尔巴哈的一些基本论点的纲要。马克思恩格斯据此写出《德意志意识形态》，后来恩格斯在 1888 年又据此写出《路德维希·费尔巴哈和德国古典哲学的终结》，从而奠定了马克思主义哲学的基础。恩格斯提到这部《提纲》时说它是"新世界观的天才萌芽的第一个文件"。值得特别注意的是，《提纲》第一次提出的马克思主义的实践观点，把掌握和改造世界的重点从单纯的认识转移到实践和行动方面去。这些年来《提纲》在我国似还没有受到应有的重视，原因之一或许是译文还不够正确、不够明白易懂。因此，我们在这里对译文提出一些意见，谨供校改时参考。

关于题目本身，原文是 Thesen über Feuerbach，译《关于费尔巴哈的提纲》既累赘也不很正确，德文 über（即英文 on）有时可译为"论"，例如 on education 就可译为"论教育"而不宜译为"关于教育"。Thesen（英文 theses）本义为"论文"或"论点"，

本文与 über 连用，译为"论纲"较简洁。因为它原是准备写的
《费尔巴哈论》的提纲，"论"字应出现。

一

全文要义在第一条，难处也在第一条。第一条译不好，下文
各条也就不易译好，不易让读者读懂。目前第一条译文就很难
懂，原因在译时理解得不够正确。马克思的经典著作是前后既有
发展而又有联贯性的，《论纲》决不能孤立地看。《论纲》是紧接
着《经济学—哲学手稿》写的，《德意志意识形态》又是紧接着
《论纲》写的。这三部著作如果合在一起来看，同时，还可结合
到后来的《政治经济学批判》"导论"和"序言"、《资本论》第
一卷的论"劳动过程"段，以及恩格斯的《劳动在从猿到人转变
过程中的作用》和《费尔巴哈与德国古典哲学的结果》（原文
Ausgang 是"出路"或"结果"，译"终结"亦误）来看，《论
纲》就较易理解。

《论纲》里有些词是马克思沿用黑格尔常用的术语，有时取
一般意义，有时取特殊意义。因此，造成理解和翻译上的不少困
难。例如 Der Gegenstand（英：object reality），die Wirklichkeit
（英：reality），Sinnlichkeit（英：sensuousness）三词连用，都是
同义词，在语法上属于同位格，都指现实界的具体事物。第一个
词译为"事物"，本不算错，英译也有时用 thing，但一律译为
"对象"较妥，因为这个词在本文有个特殊涵义，它是与主体
（人）相对立的，是人的实践和认识的对象；所以译为"对象"
就比"事物"或"客体"较好。旧译文对此词前后译法不一致，
时而是"事物"，时而是"客体"，时而又是"客观"。下文"把

人的活动本身理解为客观的活动"，便失去了这句话的深刻意义：人的活动和对象（物）的活动是既对立又相依为用，不可分割的。"客观"不如"客体"，"客体"的对立面也是"主体"比"主观"好，本条"从主观方面去理解"在中文里读者可能理解为"凭主观去理解"，这就失去"要从人（主体）那方面去看或了解"的原意了。下文还有"思想客体"和"感性客体"也是读者不易懂的。为什么不和上文一致，用"思想对象"和"感觉对象"呢？费尔巴哈是侧重感性认识而轻视理性认识的。下文"费尔巴哈想要研究跟思想对象不同的感觉对象"，以及第五条"不满意抽象的思维而诉诸感性的直观"，都可为证。懂得这个道理，就可以看出下文旧译文说"费尔巴哈仅仅把理论的活动看作是真正人的活动"，就是让费尔巴哈自打耳光了。译文中"理论的活动"的"理论的"原文是 Theoretisch，Theorie，在涉及学说和理性认识时，固可译为"理论"，但只涉及感觉或感性认识时也译为"理论"就是错误了。这是一个普遍流行的因而亟待更正的一个错误。Theorie 本意是看到的事物的形象或道理，包括感性认识和理性认识两种。如果一律译为"理论"，就把感性认识排除掉了。一般地说，只是与实践（Praxis）对举时，Theorie 就应一律译为"认识"。特别在涉及费尔巴哈的思想体系时，不要使读者误认为费尔巴哈也是重视"理论"的。

　　还要回头谈一下开始就提到的那三个同义词。其中第三词 Sinnlichkeit 是不易译的，旧译文照字面译为"感性"，英译文也照字面译为 sensuousness，都不很妥，因为指的是具体事物而不是某种抽象的属性，法译作 le monde sensible（感性世界），即可用感官直接感知的世界，这就醒豁了。法译文有时把"感性的"改为"具体的"，也便于理解。这就说明翻译不能孤立地拘泥于字面，要看到上下文的关联。旧译文的一个明显的缺点就在不大注意上下文的关联，上文已举过的"对象""客体"和"客观"以及"理解"和"认识"都是著例。另外还有"唯心主义却发展了能动的方面"一句话也是如此。"能动的方面"原文是 die tätig seite，指的是上下文都屡次出现的 Tatigkeit（活动），为什么前后都译为"活动"，这里偏译为"能动的方面"呢？这里有"能动"和"被动"的区分吗？

《论纲》第一条的要义是：在批判唯心主义和旧唯物主义的基础上，来奠定人与自然、心与物，亦即主体和对象在生产劳动中既对立而又互相依存、互相促进而达到统一的这个唯物辩证的基本原则。从这个基本原则出发，马克思对旧唯物主义和唯心主义都既有所肯定，又有所否定。在《论纲》前一年写的《经济学—哲学手稿》里马克思就已从唯物辩证观点出发，批判过"抽象唯心"和"抽象唯物"。"抽象"这个词在本文也用过，原文是 abstrakt，意思是从统一体中抽去某一片面而单取某另一片面，所以"抽象地"就是"片面地"（与一般用法略有不同）。"抽象唯心"片面地强调"心"而忽视"物"，"抽象唯物"则适得其反，片面地强调"物"而忽视"心"，所以，各有正确的一面和错误的一面。唯心主义正确的一面在于阐明了旧唯物主义所忽视主体的活动方面；它的错误的另一面在于"不知道真正的现实的感性（即具体）活动本身"，从《经济学—哲学手稿》和其他有关的经典著作看，这种实践活动，也就是人和物（自然）合作所进行的生产劳动。在生产劳动过程中，人形成了社会集体，既在改造自然，使自然日益丰富，同时也在改造自己、提高自己，从而不断地推动历史前进。这就是下文所说的"革命的、实践批判的活动"。唯心主义当然不懂得这种生产劳动的实践活动，所以，它并没有懂得它所片面强调的主体的活动方面。费尔巴哈的旧唯物主义与此相反。他重视具体感性事物而轻视抽象思维和抽象理论，从而把黑格尔的客观唯心主义扳正到唯物主义方向，这是他的重要的功绩。但是，他的错误也在于不懂得实践。在《基督教的本质》一书里，他"只把认识活动当作真正的人的活动"，把实践只看成犹太人唯利是图、损人利己的那种卑鄙活动，而真正的人的活动却是马克思所强调的人在其中既改造自然也改造自己的那种生产劳动，即"革命的实践批判的活动"。

这就是辩证唯物主义和历史唯物主义所根据的马克思主义的实践观点。在《德意志意识形态》中"费尔巴哈"部分，马克思、恩格斯把"实践的唯物主义者"称为"共产主义者"，说他们的"全部问题在于使现存世界革命化"。从此可见，不懂得这种实践观点，就不会懂得马克思主义哲学及其重要性。在我们中间还有号称马克思主义者在论文里公开诋毁马克思主义的实践观点，仿佛这只是几个苏联学者和我国资产阶级学者所捏造出来骗人的，而马克思主义创始人并不曾提出过什么实践观点。《论纲》《经济学—哲学手稿》《资本论》《劳动在从猿到人转变过程中的作用》等经典著作都足以证明这种人既愚昧而又不老实。所以认真学好、懂透和译好这些经典著作，今天对我们还有很大的现实意义和迫切性。

《论纲》不过十一条，简短，却不易懂。为着便于深入学习和讨论，特就旧译文提出一些意见。第一条较难，所以多费一些篇幅，已谈过的下文就无需复述。不少问题出在对外文的掌握，有时也出在对中文的掌握。后面附有建议的校改文，本意不是"示范"，而是供讨论者和校改者参考。

二

人的思维是否具有客观的真理性

这是思维与存在是否统一的问题。用"具有"译原文 zukommen 是不妥的，这个德文词是精心挑选的。它兼含"达到"和"接近"两个意思，用来表达思维和存在的关系是极妥贴的。就中文来说，这句译文也顶生硬。人民大众只问"你那种思想是否真实"，不问"它是否具有真理性"，"真理性"就是硬造出来不大妥贴的一个词，"真理"就够明白了。

> 人应该在实践中证明自己思维的真理性，即自己思维的现实性和力量，亦即自己思维的此岸性。

"真理性"是否可改为"真实"或"真理"？下面和"真实"处于同位格的有现实性。"威力"（比"力量"似较强）和"此岸性"，都是"证明"的宾词。"自己思维"复述了三次，"即"之后又有"亦即"，不嫌累赘吗？"此岸性"究竟是怎么回事？不加注就直译义，例如"此岸性"（可知性），原文说明实际上就是实践是检验真理的唯一标准。所检验的有三点：一是有关思想的现实性，二是它的威力，三是它的可理解性。有了这三点，有关思想就是真实的。头两点指切实有效，第三点是不玄秘而可理解。下文"经院哲学的"用"经院气的"（略似中文"学究气"）即可，不必加"哲学"二字。

三

教育者本人一定是受教育的

"一定是……的"是强调地肯定一切教育者实际上都是受过教育的。原文 erzogen muss 是说"教育者自己也必须（或应该）受教育"。汉语用虚字表达语气和神韵，在写作和翻译都应特别注意。旧译文在处理虚字方面往往不妥，特举一例，余见建议的校改文：

> 环境的改变和人的活动的一致，只能被看作是并合理地理解为革命的实践。

这句译文把原文的语法看错了，因而把原意完全译错了。这可分为三点来说：（一）"一致"（或"合拍"）是全句的主语，互相"一致"的有两项，一是"环境的改变"，一是"人的活动的改变"，所以原文用了两个 der（英：of），旧译文"人的活动"后漏了"的改变"三字。（二）只能被看作是并合理地理解为革命的实践，原文是"两种活动的一致只有作为革命的实践才可以（Kann nur als）认识（Gefasgt）和合理地理解"，"作为革命的实践"是"认识和理解"的条件，不是"认识和理解"的宾词（如旧译文所理解的）。（三）这句话在原文里用外文常用的被动语气，中文一般少用被动语气，译外文被动语气句往往改为主动语气句。例如说"他挨打了"，不说"他被打了"；说"他打败了"，不说"他被打败了"，如果用生吞活剥的直译，读起来就不顺畅。这句的译文"只能被看作是并合理地理解为……"就是一个例子。中文仍可译为主动语气："这种一致只有作为革命的实践才可以认识和合理地理解。"

四

他致力于把宗教世界归结为它的世俗基础

"他致力于"原文是 Sein Arbeit（他的工作），与下文"这一工作"相关联，应照原文直译。"归结于"原文是 Aufzulösen（英文 Reduce）改为"还原到"较易懂。因为宗教的世界原是世俗的世界化身的分裂和矛盾，所以要消除二重化。这是费尔巴哈在《基督教的本质》所提出的主张。如举基督教的神圣家族为例来说，神圣家族的基础是世俗家庭。要解决神圣家族这个宗教问题，就要先通过认识和实践去推翻或消灭世俗家庭制。"消灭"在原文是 Vernichtent，另一版本作 Umgewallzt（推翻），旧译文却作"受到革命改造"，与法译本大致相同，根据的或是另一版本，在我们所根据的 1959 年的德文本里，马克思明说要"消灭"或"推翻"，并没有说要"革命改造"。他对待家庭制和对待"世俗世界"的办法并不一样。这涉及了共产主义社会还要不要家庭制的大问题，应特别审慎，应谨遵马克思的正确看法。

五

他把感性不是看作实践的人类感性的活动

这句旧译文很费解,单就字面看,看不出这句话的意思。"感性"是什么?法译作"具体",似较明确。原文 Menschlich 是指"人类"还是泛指"人"(包括个人)?法译作 de L'homme(人的)也较妥。

六

人的本质并不是单个人所固有的抽象物

原文 kein dem einzelner invohnedes Abstraktum。用"单个人"译 einzelner 不够,"单个人"和"个人"有什么不同?法译作 L'individu isolé(孤立的"个人")较明确。而且与下文所强调的人的社会性有密切的关联。用"抽象物"也可斟酌,指的并不是"物",而是"属性"。

用"在其现实性上"译 gen seiner Wirklichkeit 这个日常口头语,死扣字面,就显得笨拙可笑。一般人民大众会说"其实"或"实际上",全句话可译为"人的本质(中文不轻易用代词)其实就是(注意'就'这个虚词)一切社会关系的总和"。

费尔巴哈不是对这种现实的本质进行批判

"不是"中"是"字是多余的,"现实的"仍依上译为"实际"(或"其实")。Gemüt(英:sentiment),不是"感情",而是"心情"或"情操"。

"孤立地观察宗教感情"译 das religiöre Gemüt(英:sentiment)für sich zu fixieren,动词 fixieren 不是"观察",而是"固

定"，把宗教情操固定为孤立的（或独立自在的）。

（2）所以，他只能把人的本质理解为类

Gattung 译为"类"不够明确，这个词相当于英文 species，与英文 class 或 category 不同。它涉及费尔巴哈的中心思想，即他们宣扬的"人类学原则"（anthropological principie，有人误译为"人本主义"）。按照人类学原则，人是作为生物中的一种来看待的，着重血缘而蔑视社会关系。达尔文的名著 Origin of Species，严复译为《物种原始》颇精确，Gattung 也就是"物种"。把人只看作动物中的一种物种，就会忽视人的社会性和自觉性。这是费尔巴哈的"人类学原则"的基本缺点。马克思在《经济学—哲学手稿》的第一手稿里受了费尔巴哈的影响，还只把人看成一个物种，到第三手稿才强调人的社会性和自觉性，并且指出人达到这样高一层的地位是来自生产劳动的实践活动。明白了这段批判继承的渊源，就会对本段有较正确的理解，译起来也就会较准确些。

"只能把人的本质理解为类（物种），理解为一种内在的、无声的，把许多个人的纯粹自然地联系起来的共同性。"这句旧译文也很费解。"内在的、无声的"究竟是什么意思，是形容什么的？看原文也颇不易确定，可能指有内心活动而哑口无言。形容像一般动物的那种原始人所属的物种，也就是最后一词 Allgemeinheit。这一词决不应译为抽象的"共同性"，因为它是由"许多个人纯粹自然地联系起来的"，而且和上文"物种"处于同位格。足见它是一个集体名词而不是一个抽象名词，应译为"总体"或"共同体"，而不应译为"共同性"。"纯粹自然地联系起

来"就是以自然人的方式拼在一起的"乌合之众",而不是以社会人的组织方式联系起来的团体。

七

Gesellschaftsform 通用的译词是"社会形态",不是"社会形式"。

八

头一个词 Alles("一切"或"凡是")

原文 Aller Mysterien，Welche die theorie zum Mystizism〔us〕Veranlassen 译为"凡是把理论导致神秘主义方面去的神秘东西"，嫌累赘。Mysterien 不是一般"神秘东西"，而是宗教中的秘密教条和仪式。

九

对市民社会的单个人的直观

原文是 die Anschauung der einzelnen individuen und der burger-lichen Gesellschaftiliche Menschheit。

（一）"对"，原文没有，一字之差便走了原义。例如"你的看法"和"对你的看法"完全是两回事。这是一个严重错误，起于乱加字。

（二）"直观"，涉及下文两种直观主体。一是一些个别的人，一是市民社会。所以用 und 联接起来，用了两个 der。如原文不错，旧译就错了。但查法文本，此句译为"在市民社会中一些零星（孤立的）个人的观照方式"。旧译所根据的版本或与 1859 年的德文版本不同。但是"直观的唯物主义"仅限于市民社会的某些孤立的个人，也还是一个问题，姑存疑。

十

人类社会或社会化的人类

依原文"社会化的人类"die Gesellschaftliche Menschheit，没有"化"的意思。应译为"社会性的人类"，前一词"人类社会"原文是 die Menschheit Gesellschaft，亦应译为"人性的社会"。

十一

问题在于改变世界

原文 es kommt darauf an 译为"问题"似不够。解释世界也还是问题，但改变世界是最重要的事。建议把"问题"改为"关键"。

费尔巴哈论纲

一

前此一切唯物主义（包括费尔巴哈的在内）的主要缺点都在于对对象、现实界，即感性世界，只以对象的形状或直观得来的形状去理解，而不是把对象作为人的具体的活动或实践去理解，即不是从主体方面去理解。因此，活动的方面不是由唯物主义反而是由唯心主义抽象地阐明了，——唯心主义当然不知道实在的具体活动本身。费尔巴哈所想要的是和思想对象实在不同的感觉对象，但是他不把人的活动本身当作对象方面的活动来理解。所以，他在《基督教的本质》里只把认识活动当作真正的人的活动，而把实践只理解和固定为犹太人的那种卑鄙的表现形式。所以他不了解革命的或实践批判的活动的意义。

二

人的思维是否能达到客观真理的问题并不是一个认识问题而是一个实践问题。人必须在实践中证明他的思想的真理，亦即现实性、威力和此岸性（可知性）。脱离实践而争辩思想是否真实，那就纯粹是一种经院气的问题。

三

有一种唯物主义的教条宣扬环境和教育的改革作用，却忘记了环境正是由人来改造的，而教育者自己也必须受教育。所以这种教条必须要把社会分成两部分，把其中一部分抬高到凌驾于另一部分之上。

环境的改变和人的活动的改变或自我改造之间的一致，只有把这两种改变都看作革命的实践，才可以认识和合理地理解。

四

费尔巴哈的出发点是宗教的自我异化，即把世界二重化为一种是宗教世界而另一种是世俗世界。他的工作是要把宗教世界还原到它的世俗基础。但是这世俗基础原是由自分裂而转入云霄，固定成为一个独立王国，这就只有用这世俗基础的自我分裂和自我矛盾才可以说明。所以这世俗基础既要从它的矛盾去理解，又要通过实践去加以改革。举例来说，既已从世俗家庭里发现到神圣家族的秘密了，就应通过认识和实践来消灭（或推翻）世俗家庭本身。

五

费尔巴哈对抽象思维不满意而要求直观，但是，他不把感性世界理解为人的实践的具体活动。

六

费尔巴哈把宗教的本质还原到人的本质。但是人的本质并不是某一个人生来固有的抽象的东西。人的本质实际上就是社会关系的总和。

费尔巴哈不对这种实际本质进行批判，他就被迫：

（一）抛开历史进程而把宗教心情（或情操）固定成为独立自在的，并且假定有一种抽象的孤立化的人性个体；

（二）因此，他只能把〔人的〕本质理解为"物种"，理解为一种内在的、哑口无言的，由许多个人以自然的方式联系起来的总类（共同体）。

七

因此，费尔巴哈看不到宗教心情本身就是一种社会的产物，而他所分析的那种抽象的个人实际上仍属于某一形态的社会。

八

凡是社会生活在本质上都是实践的，凡是把认识误引到神秘主义去的那些宗教秘密仪式都要在人的实践中以及对这种实践的理解中得到合理的解决。

九

凭直观的唯物主义，即不把感性世界看作实践活动的唯物主义，所能达到的最高水平不过是一些零星的个人的直观和市民社会的直观。

十

旧唯物主义的立场就是市民社会，新唯物主义的立场却是人类社会或社会性的人类。

十一

前此哲学家们只是用不同的方式去解释世界，而关键却在于改革世界。

（据 1959 年柏林 Dietz 版《马克思恩格斯全集》
第三卷第 5—7 页改译）

马克思的《经济学—哲学手稿》中的美学问题

一、浅谈"异化的劳动"与"美的规律"

近四十年来，全世界都在争论的"异化"问题，是马克思在《经济学—哲学手稿》中，特别是在"异化的劳动"章中详加阐明了的。"异化"所涉及的方面很多，包括共产主义远景、经济学、哲学、科学、宗教和文艺等。特别涉及美学的是马克思所提的"美的规律"，马克思对这些方面的问题结合"异化"与私有制提出一些意义重大的看法。马克思只花了六个月就写出了这部手稿，从中可以看出他对私有制的极端痛恨，对共产主义宏大远景的热烈向往。同时也可以看出，这部手稿是他在匆忙之中奋笔疾书写出来的。写完就搁下来，来不及修改，一直搁了差不多九十年，到1932年才在德国出版，原稿中有些段落已残缺或遗失，这就给读者造成了很大困难。马克思沿用了黑格尔和费尔巴哈的一些术语，对一般读者不免艰晦；而且经常重复或中途停顿，也使读者很难摸索出个条理。现在我试图就个人所摸索到的一点一滴，用浅近的语言表达出来。错误在所不免，希望引起美学界的同志深入学习手稿原文，对我的浅谈进行批判纠正，以便把对原文的理解搞深搞透一点。

这部手稿是既从人性论又从阶级斗争观点出发的。马克思先就资本主义时代关于工资、地租和资本利润以及竞争和垄断等现实政治经济情况和弊端加以揭露和分析，同时对当时英法等国的古典政治经济学也进行批判，指出它站在维护资产阶级利益的立场，把资本主义的种种病态都视为理所当然，只罗列现象而不寻求病根所在。马克思一针见血地指出病根在于私有制所带来的"异化的劳动"。异化在实质上就是对人的肉体和精神两方面的剥削和摧残。经过层层异化，人就丧失了人的本质而退化到一般动物的地位。只有等到历史发展到共产主义时代，才有希望彻底废除私有制和异化的劳动，使人全面发展他的肉体和精神两方面的"本质力量"，凭他的实践和认识，对自然（包括社会）加工改造，日渐把人类社会的物质文化和精神文化都推进到最高最丰富的阶段。那时人与自然的对立、人与人的对立、主体与客体（对象）的对立、存在与思维的对立、抽象唯心和抽象唯物的对立以及导致纷争冲突的其他对立就都要消除净尽了。这是整部手稿的大轮廓。

现在来谈这部手稿的中心思想，即"异化的劳动"。这个词在原文是 Die entfremdet Arbeit；除 entfremdet 这个动词之外，马克思也曾用 entäusserlt 作为同义词。entfremdet 英译作 estranged 或 alienated，英文名词 stranger 和 alien 都有"陌生人"或"外方人"的意思，所以用作被动词时译"异化"或"外化"都可以。不过德文 entäussern（外化）有"出卖""出让""抛出"等商业的意义，"异化"已通用，一般以沿用为宜。

"异化"和"外化"这两个词都来自黑格尔和费尔巴哈，马克思用这两个词与他们两人所用的在意义上有联系而实质不同，须先把黑格尔和费尔巴哈用这两个词所表达的思想交代清楚，然后才能正确地理解马克思用这两个词所表达的思想是一个重大的进展和转变。黑格尔所说的外化或异化是他的客观唯心主义辩证法的"正反合"三一体中的"反"的阶段。例如抽象概念（包括所谓"绝对"）是正，因为片面抽象还不真实，须在它自身设立对立面，即"另一体"或具体的事物，这就是"反"，由正而反的过程便是"外化"。正反对立，不但"正"是片面的，"反"也还是片面的，须经过否定的否定，才达到较高一级的统一，即所谓"合"。这种辩证过程于理应一直进展下去。黑格尔有时也把"外化"叫做"对象化"，即精神变物质。这是历史发展的必然，所以黑格尔用这些词并没有贬义。这种辩证法是从客观唯心主义出发的，马克思在这部手稿的最后一章《黑格尔的辩证法及其整个哲学体系的批判》一文里已批判了黑格尔的客观唯心主义的哲学基础及其辩证法的谬误。但仍沿用了"异化""外化""对象化"这些术语，除用"对象化"一词有时见不出贬义以外，用"异化"和"外化"都带有贬义。

马克思在这部手稿中，受到影响最深的还不是黑格尔而是费尔巴哈。在马克思之前，费尔巴哈已把黑格尔的心物关系的首足倒置扳转过来了，由概念和对立面的关系转到人本身对自然的关系。在他的名著《基督教的本质》里，费尔巴哈就从人对自然的关系出发，论证人在宗教信仰中把自己"异化"到神上去了。不过他所说的"人"不是个人而是作为"物种存在"的人，即属于同一物种的人类。基督教相信人是上帝创造出来的，实际上并不是上帝创造了人，而是人按人类自己的形象创造了上帝，这就是说，人把同属于一个物种的人类的本质外射或"异化"到上帝这个幻想产品上去了。人既然把人类本质异化到上帝身上，就不再能由人自己去发挥人的本质力量。要人由自己发挥人的本质力量，就必须消除这种自我异化，也就是要消除幻想的神。费尔巴哈把黑格尔的哲学也看成一种神学，因为正如宗教和神学把幻想中的上帝看作创世主，黑格尔的哲学也把幻想中的"绝对"或"理念"看作创世主，都把人自己异化到"绝对"去了。其结果也正和神学一样使人的本质力量失其应有的作用，所以这种"异化"也必须否定掉。这是从唯心主义转到唯物主义，由有神论转到无神论所走的一大步。马克思对费尔巴哈的这个功劳曾热情地赞颂过。不过费尔巴哈缺乏实践经验和历史发展观点，仍大谈其"爱的宗教"，在哲学上仍有半截唯物主义半截唯心主义的缺陷。马克思在《经济学—哲学手稿》里，既继承了费尔巴哈的人对自然的紧密联系，人的物种本质及其异化等观点，也批判了他的思想的抽象性和不彻底性。这是批判继承的范例。

这部手稿的突出特点是完全从劳动者出发来分析资本主义政治经济的现实情况，证明一切弊病都出在劳动者对生产劳动的关系上。这个关系是从三方面来分析的，即（一）劳动者对劳动产品的关系，（二）劳动者对生产劳动本身的关系，（三）劳动者对旁人（劳动者和非劳动者即资本家）的关系。

（一）异化的劳动使劳动者失去了他的产品，他的产品"异化"到资本家那里成为资本，而他自己创造出商品愈多反而就愈贫穷，不但掌握不到生产资料，而且也被剥夺去维持肉体生存的生活资料。资本家就凭劳动者所创造的财富作为奴役和欺凌劳动者的工具，结果迫使劳动本身和劳动者都变成日益廉价的商品。用马克思的原话来说：

> 劳动者生产愈多，供他消耗的就愈少；他创造的价
> 值愈多，他自己就愈无价值，愈下贱；他的产品造得愈
> 美好，他自己就变得愈残废丑陋；他的对象愈文明，他
> 自己就变得愈野蛮；劳动愈有威力，劳动者就愈无权；
> 劳动愈精巧，劳动者就愈呆笨，愈变成自然的奴隶。

这种劳动产品的异化和资本化，还只限于"物的异化"。物的异化使劳动产品对劳动者成为一种外在的对立的奴役他自己的敌对力量。就它的恶果来看，已可看出。

（二）异化还表现在劳动者对生产劳动这种活动本身上。劳动者不但被剥夺去他的产品，而且他的生产活动也剥夺去它作为人的本质力量。他的劳动并不属于劳动者的本质：

> 所以在他的劳动里他不是肯定而是否定他自己，不
> 是感到快慰而是感到不幸，不是自由地发挥他的身体和
> 精神两方面的力量，而是摧残他的身体，毁坏他的心
> 灵……所以他的劳动不是自愿的而是强迫的，是强迫的
> 劳动，因此不是一种需要的满足，而只是满足外在于它
> 的那些需要的一种手段……所以结果是：人（劳动者）
> 除掉吃、喝、生殖乃至住和穿之类动物性功能之外，感
> 觉不到自己在自由活动，而在人性的功能方面，他也感
> 觉不到自己和动物有任何差别。动物性的东西变成了人
> 性的东西，人性的东西变成动物性的东西。

一句话，由于劳动这种活动在本质上的异化，人就失其为人了，"其所以异于禽兽者几希"了。这就叫做"自我异化"。

（三）从物的异化和自我异化这两种定性之中，马克思还引申出异化的第三种定性，即在异化劳动中人丧失人作为一个物种（即人类）的特性：

> 人是一种物种存在。这不仅因为人在实践和认识两方面都把物种（包括他自己的种和其他物的种）作为他的对象，而且……也因为他把自己就看成实在的有生命的物种，看成一种具有普遍性的因而是自由的存在。

这里"物种存在"还是沿用费尔巴哈的术语。人作为一种物种存在就是通常所说的"人类"，研究人作为一种物种的科学就叫做"人类学"。费尔巴哈强调过"人类学原则"，马克思在这部手稿中和《费尔巴哈论纲》中也沿用了"人类学原则"，但赋予它较深刻的意义，指出人的物种特性在于人有自意识即自觉性，认识到自己不仅是一个个体，而且把自己和他所属的那个物种（即人类）等同起来，因而在他的生活活动（实践和认识）中都把他的物种（即人类）作为他的对象。还不仅此，他还认识到其他物种乃至整个自然界（包括社会），这一切都成了"精神食粮"，时而作为自然科学的对象，时而作为艺术的对象。在实践方面，这一切自然对象都成了人的"无机的肉体"，既是生活资料，又是"人的生活活动的材料、对象和工具"。也就是生产劳动、革命斗争和科学实验的物质基础。这些就是马克思所强调的人的物种特性中的普遍性和自由性。异化的劳动就使劳动者丧失了这些特性。在第一手稿里，马克思还专谈"物种存在"。在第三手稿里，"社会性"就代替了"物种存在"：

> 这整个〔生产〕运动的一般性质就是社会性，正如
> 社会生产出作为人性的人，社会也是由人生产出的。

这种对"社会性"的强调就弥补了费尔巴哈的"人类学原则"的缺陷。

在分析人的物种特性和人与自然的统一之中，马克思还提到人通过实践对自然界进行加工改造，从而创造一个对象世界。这段提到"美的规律"，对美学和文艺创造的意义特别重大，让我们引出全文来稍加分析：

> 通过实践来创造一个对象世界，即对无机自然界进行加工改造，就证实了人是一种有自意识的物种存在，也就是说，人是把物种存在当作自己的存在来对待，或是把自己当作物种存在那种存在来对待。动物固然也生产，它替自己营巢造窝，例如蜜蜂、海狸和蚂蚁之类。但是动物只制造它自己或它的后代直接需要的东西，它们只片面性地生产，而人却普遍（全面）地生产；动物只有在肉体直接需要的支配之下才生产，而人却在不受肉体需要的支配时也生产，而且只有在不受肉体需要的支配时，人才真正地生产；动物只生产动物，而人却再生产整个自然界；动物的产品直接联系到它的肉体，而人却自由地对待他的产品；动物只按照他所属的那个物种的标准和需要去制造，而人却知道怎样按照每个物种的标准来生产，而且知道怎样把本身固有的（或内在）标准运用到对象上来制造，因此，人还按照美的规律来制造。

这段话有下列几点值得特别注意。

（一）人通过实践来创造一个对象世界，即对于无机自然界进行加工改造。这条原则既适用于包括工农业的物质生产，也适用于包括哲学科学和文艺的精神生产。这两种生产都既要根据自然，又要对自然进行加工改造。这里见出物质生产和精神生产的一致性。这就肯定了艺术既要根据自然又要改造自然的现实主义路线，排除了文艺流派中所谓"自然主义"。

（二）这两种生产都"证实了人是一种有自意识的物种存在"。人意识到人的个体就等于人的物种，而且根据这种认识来生产。这就不是根据个体肉体的直接需要，像一般动物那样，而是着眼于为人类服务的目的，根据整个物种的深远需要。就文艺来说，马克思强调文艺的自由性，并不以为自由就在"为文艺而文艺"；他否定了文艺的自私动机，却肯定了文艺的社会功用。这段举动物建筑为例来说明人和一般动物在生产方面的差别。我们在下文谈到马克思在《资本论》中有关论述劳动的章节里，还会看到马克思就这条原则作了进一步的发挥，那里举的实例也正是蜜蜂营巢和人类建筑师仿制蜂巢的差别。

（三）"人还按照美的规律来制造"，说明了人的作品，无论是物质生产还是精神生产都与美有联系，而美也有"美的规律"。这美的规律究竟是什么？这个问题曾引起不少的揣测和争论。这句话前面冠有"因此"一个连接词，"此"字显然指上文所列的两条：一条是"人知道怎样按照每个物种的标准来生产"，另一条是"人却知道怎样把本身固有的（内在的）标准运用到对象上来制造"。这两种标准的差别究竟何在？依我的捉摸，差别在于前条指的是每个物种作为主体的标准，不同的物种有不同的需要，例如人造住所和蜜蜂营巢各有物种的需要，标准（即尺度）

就不能相同。蜜蜂只知道按自己所属的那个物种的需要和标准，而人的普遍性和自由就在于人不但知道按人自己的物种的需要和标准去制造高楼大厦，而且还知道按蜜蜂的需要和标准去仿制蜂巢。这就是前一条要求。后一条比前一条更进了一步。对象本身固有的标准就更高更复杂，它就是各种对象本身的固有的客观规律。恩格斯在《劳动在从猿到人转变过程中的作用》一文中说："我们对自然界的整个统治，是在于我们比其他一切动物强，能够认识和正确运用自然规律。"①马克思所说的"对象本身固有的标准"也就是恩格斯所说的"自然规律"。这就要涉及创作方面的各种因素，例如创作素材、创作方法、创作媒介、作家与作品和观众与作品的关系、创作与时代和社会类型的关系、创作与文化教养和遗产继承的关系等都各有本身固有的规律，要用得各得其所，各适其宜，才符合后一条的要求。单就创作方法来说，马克思在这里所要求的正是现实主义，包括他和恩格斯所经常提到的"典型与个性的统一"和"典型环境中的典型性格"等都要包括在"美的规律"之内。从此可见，"美的规律"是非常广泛的，也可以说就是美学本身的研究对象。

属于"美的规律"的还有马克思所经常强调的人的整体观点，他说：

> 人是用全面的方式，因而是作为一个整体的人，来掌管他的全面本质。

究竟什么才是整体人的全面本质呢？马克思在第三手稿《私有制与共产主义》章举的例是"视、听、嗅、味、触、思维、观照、情感、意志、活动、爱，总之，他的个体所有的全部器官"，此外还有"爱情"和一些"社会性的器官"。马克思对人的这些器官和本质力量以及它们和文艺的关系都作过深刻的分析，下文还要谈到。

二、艺术的起源：劳动

上文已约略介绍了"异化的劳动"，现在接着谈私有制和异化劳动的彻底废除是共产主义的前提以及各种感官的发展在文艺活动中的作用。马克思在第三手稿中《私有制与共产主义》章论证了私有制在历史发展中有它的必然性，只有在它的高度发展的物质财富的范围内，在它的弊病和灾祸已完全暴露的时候，共产主义才能诞生。共产主义也有不同的阶段和形式。原始的形式是公妻，较进一步的是集体私有制。二者都没有真正彻底废除私有制，因而也不可能彻底废除异化的劳动。马克思给彻底废除私有制的共产主义下了如下的意义深远的定义：

> 共产主义就是作为人的自我异化的私有制的彻底废除，因而就是通过人而且为着人，来真正占有人的本质；所以共产主义就是人在前此发展出来的全部财富的范围之内，全面地自觉地回到他自己，即回到一种社会性的（即人性的）人的地位。这种共产主义，作为完善化的（完全发展的）自然主义，就等于人道主义，作为完善化的人道主义，也就等于自然主义。共产主义就是人与自然和人与人之间的对立冲突的真正解决，也就是存在与本质、对象化与自我肯定、自由与必然、个体与物种之间的纠纷的真正解决。共产主义就是历史谜语得到的解答，而且认识到它自己就是这种解答。

接着马克思就指出，这种真正共产主义必然要在私有制的经济运动，即生产运动的基础上才能诞生，和它相适应的各种上层建筑和意识形态也是如此：

> 宗教、家庭、政权、法律、道德、科学、艺术等都是些生产的特殊方式，都受到它的一般规律的统辖。所以私有制的彻底废除，作为人性的生活的占有，就是一切异化的彻底废除——这就是说，人从宗教、家庭、政权等返回到他的人性的即社会性的存在。

不难看出，宗教、家庭、政权之类上层建筑也都是异化的结果，它们终须废除，人才能恢复到人性的即社会性的存在。要废除它们，就先要废除私有制。这就是马克思早期的历史唯物主义的提法，后来在《政治经济学批判》的"导言"里又进一步加以明确化了。马克思的思想是一直在发展的，由第一手稿到第三手稿六个月写作之间就有些重要的发展。最明显的就是上段引文中"人性的即社会性的存在"那句解释。在第一手稿里马克思还主要地沿用费尔巴哈的"人是一种物种的存在"那个"人类学原则"，还没有明确地强调人的社会性。在本章中人的社会性已基本上代替了人的物种存在了。这是从劳动出发来考虑人与自然的关系所必然得到的结论，因为马克思已明确指出，"集体（即社会）只是劳动的集体"，也就是说，人在劳动中才形成社会。谈到生产运动的历史发展时，马克思还指出：

> 这整个运动的一般性质就是社会性：正如社会生产出作为人性的人，社会也是由人生产出的，活动和享受

（这就是"人的生活活动"的总称——引者注）……都
是社会性的；社会性的活动和社会性的享受。

从此可见，马克思是从人的生产劳动引申出人的社会性，又从人
的社会性中引申出人道主义与自然主义的统一这条贯串全部手稿
中的红线的。他在下文说得更明确：

自然中所含的人性的本质只有对于社会的人才存
在；因为只有在社会里，自然对于人才作为人和人的联
系组带而存在，——他为旁人而存在，旁人也为他而存
在——这是人类世界的生活要素（"要素"即基本原
则——引者注）。只有在社会里，自然才作为人自己的
人性的存在的基础而存在。只有在社会里，对人原是自
然的（原始的——译者）存在才变成他的人性的存在，
自然对于他就成了人。因此，社会就是人和自然的完善
化的本质的统一体——自然的真正复活——人的彻底的
自然主义和自然的彻底的人道主义。

在上文引过的共产主义的定义里已提到人道主义与自然主义的统
一，现在又结合人的社会性来重申这条基本原则，足见马克思对它
极端重视。这种统一含有两点互相联系的要义：一点是人之中有自
然，一点是自然之中也有人。为什么说人之中有自然呢？自然是人
的肉体食粮和精神食粮的来源，是人的生产劳动的基础和手段。为
什么说自然之中也有人呢？人本来是和动植矿各界一样是自然中的
一分子。更重要的是经过人在长时期中凭劳动对自然的加工改造，自
然已变成了"人化的自然"，成了人的本质力量的"对象化"。马克

思又把自然（包括社会在内）称为"人的本质力量的现实界"，也就是说，自然是人发挥他的各种本质力量的场所（旧译本把 Wirklichkeit 译为抽象的"现实性"，便没有懂得原话的意思），因此，自然体现了人的需要、认识、实践、意志和情感。人不断地在改造自然，就丰富了自然；人在改造自然之中也不断地在改造自己，也就丰富了人自己。人类历史就这样日益进展下去。这就是"人的彻底的自然主义和自然的彻底的人道主义"这个人与自然的统一体的全部意义。

中国先秦诸子有一句老话，"人尽其能，地尽其利"。"人尽其能"就是人尽量发挥他的本质力量，这就是彻底的人道主义；地就是自然，"地尽其利"就是自然界的财富得到尽量开发和利用，这就是彻底的自然主义。不过这句中国老话没有揭示人与自然的统一和互相依存，只表达了对太平盛世的一种朴素的愿望。马克思在这部手稿里既揭示了人与自然的统一和互相依存，又从历史唯物主义观点替人类大同的愿望建立了一个稳实的哲学基础。依马克思的观点，应该说，只有人尽其能，地才能尽其利；也只有地尽其利，人才能尽其能。这种理想境界只有等到私有制彻底废除和共产主义诞生时才可达到。在私有制之下，不但自然离开人（劳动者）而异化掉了，人本身的本质力量也离开人而异化掉了，结果是人在饥饿线上挣扎，穷人和富人都让唯一的占有感觉或占有欲吞噬了人的全部本质力量，一个个都变成极端贫穷、极端自私的人。中国的老子有四句话："为而不有，功成而不居，惟其不居，是以弗去。"私有制下的异化就是人人只图占有和居功，结果是利也好，功也好，都还要"去"（"去"就是"异化"）。"为而不有，功成而不居"才是共产主义的理想，"惟其不居，是以弗去"，惟其没有唯利是图的占有欲，人的本质力量及其创造的一切财富才不至于异化掉。这就是共产主义的胜利和巩固。用马克思的话来说，共产主义的理想是"人是用全面的方式，因而是作为一个整体的人，来掌管他的全面的本质"。这就是马克思所经常强调的整体的人全面发展的观点，对创造物质财富和精神财富（包括文艺在内）都是一律适用的。

整体的人的全面本质究竟是些什么呢？马克思所举的例子是：

> 视、听、嗅、味、触、思维、观照、情感、意志、活动、爱，总之，他的个体所有的全部器官，以及在形式上直接属于社会器官一类的那些器官，都是在它们的对对象关系或它们对待对象的关系上去占有或掌管那对象，去占有或掌管人的现实界，它们对待对象的关系就是人的现实界的活动。

过去一般心理学只把视、听、嗅、味、触叫做"五官"，每一器官管（这就是"官"的原义）一种感觉。马克思把器官扩大到人的肉体和精神两方面的全部本质力量和功能。他提到思维、意志和情感，这就要涉及生理方面的各种系统，特别是神经系统了。在私有制和异化劳动的剥削和摧残之下，这整体的人的全部本质力量就失其本来应有的作用了。

> 因此，废除私有制就是彻底解放人的全部感觉和特性；不过要它成为这种解放，正是要靠这些感觉和特性在主体和对象两方面都已变成人性的。

所谓"人性的"，就是"社会性的"，也就是非动物性的。马克思先举眼睛为例来说明对象须具有人性：

> 眼睛已变成了人性的眼睛，正因为它的对象已变成
> 一种社会性的人性的对象，一种由人造成的为人服务的
> 对象。

例如一件工具、一座房屋、一片自然风景乃至一幅画，都是人的劳动结果，都起着为人服务的作用，都是"人化的自然"，所以就变成了社会性的人性的对象，就能为人的眼睛所掌管。

马克思还举耳朵为例来说明耳朵这个主体本身须具有人性：

> 正如只有音乐才唤醒人的音乐感觉，对于不懂音乐
> 的耳朵，最美的音乐也没有意义，就不是它的对象。

这正是中国俗话所说的"对牛弹琴"。牛没有欣赏音乐的耳朵，因为牛在漫长的历史过程中由于主体和对象两方面的局限，它的生活经验不容许它从事音乐活动和接受能欣赏音乐所必需的文化教养。这两句极简单的话就解决了美和美感的不可分割的关系以及美是主观的、客观的还是主客观统一的问题。上句说音乐的美感须以客观存在的音乐为先决条件，下句说音乐美也要有"懂音乐的耳朵"这个主观条件。请想一想：（一）美只是主观的还只是客观的呢？（二）美能否离开美感而独立地存在呢？想通了这两个问题，许多美学上的问题就可迎刃而解了。

在"异化"的情况下，"满怀忧虑的穷人对于最美的戏剧也没有感觉。珠宝商只看到珠宝的商业价值，却看不到它的美和特质"。从这些实例，马克思得出结论说：

> 因此，社会人的各种感觉不同于非社会人的各种感

觉，只有通过人的本质力量在对象界所展开的丰富性才能培养出或引导出主体的即人的敏感的丰富性，例如一种懂音乐的耳朵，一种能感受形式美的眼睛，总之，能以人的方式感到满足的各种感官，证实自己为人的本质力量的各种感官，不仅五种感官，而且还有所谓精神的感官，即实践性的感官，例如意志和爱情之类都是如此。总之，人性的感官，各种感官的人性，都凭相应的对象，凭人化的自然，才能形成。五种感官的形成是从古到今的全部世界史的工作成果②。

手稿中这些讨论各种感官的部分都和文艺有密切关系，因为文艺主要靠形象思维，而形象思维的基础正是掌管感性认识的各种感官。从马克思的分析看，感官的问题是非常复杂的，它涉及劳动实践在全部世界史的发展对人和对自然的关系，涉及社会类型及其相应的文化背景，涉及阶级斗争、生产斗争和科学实验三大实践，涉及个人的阶级地位、职业、教养、身体情况乃至一时偶然心境。马克思在这部手稿中显现出他才大心细。他没有抹煞意志、目的、思维和情感，甚至提到爱情和形式美。目前我们美学家中有哪一个能这样从客观事实出发，这样全面看问题呢？且不谈一些发人深省的论点，单是这种科学态度和方法论就值得我们深入学习！

目前世界各国研究马克思主义的学者们对《经济学—哲学手稿》有三种截然不同的评价。较流行的看法是这部早期著作已过时了，某些论点（例如"异化"）马克思本人后来也放弃了。人性论和人道主义仿佛都是反马克思主义的，最好不必再提。与此相反的另一个极端是这部手稿 1932 年初印行时兰修特（Landshut）

和迈约（Meiyer）两位德国编辑所代表的一种观点。他们认为这部手稿标志着马克思哲学思想的顶峰，从此以后马克思在思想上就在走下坡路。他们声称《共产党宣言》中"到目前为止的全部历史都是阶级斗争的历史"应改写为"到目前为止的全部历史都是人的自我异化的历史"。这就暴露出他们要阉割阶级斗争的反动动机了。德国还有一位和他们唱同调的波匹兹（H. Popitz）在《异化的人》一书里有一章的标题就是《异化的人：辩证唯物主义的基础》。他们竟不愿意看到这部手稿的中心思想就是彻底消除私有制从而导致共产主义的诞生，也就是阶级斗争的思想。在这两种观点之外的第三种观点承认这部手稿是马克思观点发展的"转折点"，并认为异化这一范畴是"马克思主义的三大理论来源集合为一条线索的集结点"。持与此类似的历史发展观点的其他学者也认为马克思在成熟时期并没有放弃"异化"范畴，他正是在《资本论》中才彻底弄清楚了异化的秘密。我个人是赞成这第三种看法的。活力旺盛的思想总是在不断向前发展，但是前后也总是有赓续性的。马克思在十九世纪四十年代初期正在进行"自我澄清"。手稿中某些黑格尔和费尔巴哈的思想方式和表达方式后来确实是澄清掉了，但是手稿中一些基本观点，例如私有制彻底废除是共产主义的前提，劳动是历史发展的动力，人和自然的互相依存和统一，共产主义的理想是整体的人的全面发展，认识来自实践，物质生产和精神生产（包括文艺在内）的一致性等等，在后来都得到发展。"异化"这个词后来确实少用，但它所指的事实则一直盘踞在马克思、恩格斯心中，成为他们从事工人运动和无产阶级革命的推动力。我们在《经济学—哲学手稿》问题上也决不应忘记恩格斯，因为《自然辩证法》中《劳动在从猿到人转变过程中的作用》一章正是这部手稿的最透辟的阐明和最简赅的发挥，也是这部手稿并没有过时的明证。

我们在下文就接着从美学观点来谈这部手稿中的基本思想在《劳动在从猿到人转变过程中的作用》和在《资本论》第一卷论《劳动过程》一节中的进一步的发展。

三、续谈劳动与艺术

上文谈到《经济学—哲学手稿》标志着马克思的思想发展的转折点，其中一些重要观点到他的成熟期不是放弃了而是发展了，主要的证据有二，一是恩格斯的《自然辩证法》中《劳动在从猿到人转变过程中的作用》（以下简称《从猿到人》）一文，二是马克思本人在《资本论》第一卷第三编第五章论《劳动过程》的一节。

我认为恩格斯的《从猿到人》一文是《经济学—哲学手稿》的最透辟的阐明和进一步的发挥，文字明白晓畅，学习《经济学—哲学手稿》最好先从《从猿到人》下手。就在马克思写这部手稿的 1844 年，恩格斯也写了得到马克思高度赞扬的《政治经济学批判大纲》。这部论著也是从批判英法古典政治经济学入手，来揭露资本主义社会的矛盾和祸害，从而论证彻底废除私有制的必要性，所以它的总的目的是与《经济学—哲学手稿》一致的，都是要发动工人运动来进行社会主义革命的。不过恩格斯在这部著作里讨论范围主要限于经济，很少涉及哲学、宗教和文艺。《从猿到人》一文虽不长，却涉及这些方面的问题。它是在前两部著作之后三十二年（1876 年）才写的，原题为《对劳动者的奴役：导言》，足见主旨还是和前两部著作一致的，后来改题为《劳动在从猿到人转变过程中的作用》，可能是原来计划写的一部较大著作的导言。恩格斯开宗明义就说，"劳动和自然界一起才是一切财富的源泉……劳动是整个人类生活的第一个基本条件……劳动创造人本身"以及人的各种器官。这也就总括了《经济学—哲学手稿》的要义。恩格斯的发挥在于特别强调了人手、人脑和语言器官的特殊作用。他指出从猿发展到人，人不同于猿的就在于人适应人的生活需要，在劳动中使手达到高度发展。等到人手能制造劳动工具（石刀），"具有决定意义的一步完成了：手变得自由了"，"所以，手不仅是劳动的器官，它还是劳动的产物"。人手适应不同的环境，操作愈来愈灵巧，同时也引起全身筋肉骨骼的变化发展，愈来愈善于适应新的动作，使人手和人身通过遗传而来的灵巧性达到高度的完善：

> 在这个基础上它（手——引者注）才能仿佛凭着魔力似地产生了拉斐尔的绘画、托尔瓦德森的雕刻以及帕格尼尼的音乐。

这个实例就生动地说明艺术起源于劳动了。

恩格斯还根据达尔文的生长相关律，证明手不是孤立的，手的改变也引起脚和其他器官的改变。人脚能直立，行动更方便，人的眼界也扩大了，在自然事物中不断发现新的属性了。劳动的发展必然促进人与人的互相协作，"到了彼此间有些什么非说不可的地步了"，这就产生了语言的器官，"语言是从劳动中并和劳动一起产生出来的"。不但人，就连某些动物（如鸟）也能学会一种语言，从此就获得"依恋、感谢等表现感情的能力"了。这就说明了语言不仅表现思想而且也表现情感。"首先是劳动，然后是语言和劳动一起，成了两个最主要的推动力"，使人的脑髓及其所辖的各种器官一齐发展起来，日渐趋于完善化，从而人的意识也愈来愈清楚，抽象能力和推理能力也日渐发展起来了。等到人完全形成，就产生了社会这个新因素，作为"一种有力的推动力，同时也使人的行动有更确定的方向"。

这里说的"社会"不只是本能式的社会性，而是有组织的形成制度的团体。有了社会，"人有能力进行愈来愈复杂的活动，提出和达到愈来愈高的目的"，劳动本身也日益多样化和完善化，游牧打猎之外又有了农业、商业、手工业和航行术。接着恩格斯对社会发展史作了赅括的叙述：

> 同商业和手工业一起，最后出现了艺术和科学；从部落发展成了民族和国家。法律和政治发展起来了，而且和它们一起，人的存在在人脑中的幻想的反映——宗教，也发展起来了。

由于这些，上层建筑和意识形态都首先表现为头脑的产物，头脑似乎是统治着人类社会的东西，手所制造的东西就退到次要地位，手的活动仿佛只是执行脑所计划好的劳动，人们便习惯于把全部文明归功于脑的活动，即思维的活动，这样就产生了唯心主义的世界观，认识不到劳动在社会发展中所起的作用了。

恩格斯尽管指出唯心主义世界观使存在与思维的关系本末倒置，却也丝毫不贬低人在统治自然之中有计划有目的的思维所起的巨大作用。他拿人和动物比较说：

> 但是人离开动物愈远，他们对自然界的作用就愈带有经过思考的、有计划的，向着一定的和事先知道的目

标前进的特征。

此外，人统治自然的能力也远比动物大：

> 动物仅仅利用外部自然界……而人则通过他所作出
> 的改变来使自然界为自己的目的服务，来支配自然界。
> 这便是人同其他动物的最后的本质的区别，而造成这一
> 区别的还是劳动。
>
> ……我们对自然界的整个统治，是在于我们比其他
> 一切动物强，能够认识和正确运用自然规律。

人愈正确地理解自然规律，也就愈认识到：

> （人）自身和自然界的一致，而那种把精神和物质、
> 人类和自然、灵魂和肉体对立起来的荒谬的、反自然的
> 观点，也就愈不可能存在了。③

这是一个极其重要的结论，这正是马克思在《经济学—哲学手稿》里所作出的人道主义与自然主义的统一那个结论。从此可以见出那种认为《经济学—哲学手稿》的基本观点已过时的说法是多么荒谬和反自然了。

马克思的《资本论》是他的思想成熟时期的主要著作，它是否就已抛弃了《经济学—哲学手稿》的一些基本论点呢？我们现在就来研究一下《资本论》第一卷第三编第五章中马克思对"劳动过程"所作的著名的总结，先选择关键性段落如下：

　　劳动首先是人和自然都参加的一种过程，在这种过程中，人凭自己的活动作为媒介，来调节和控制他跟自然之间的物质交换。人自己也作为一种自然物质来对待自然物质。他为着要用一种对自己生活有利的方式去占领自然物质，于是发动肉体的各种自然力，例如肩膀、腿以及头和手；人在通过这种运动对自然加工改造之中，也就在改造他本身的自然，促使他的原来睡眠着的各种潜力得到发展，并且服从他的控制。我们在这里讨论的不是原始动物的本能的劳动，现在的劳动是由劳动者拿到市场上出卖的一种商品，和原始动物的本能劳动的情况已隔着无数亿万年了。我们现在谈的是人类所特有的那种劳动。蜘蛛结网，颇类似织工纺织；蜜蜂用蜡来造蜂房，使许多人类建筑师都感到惭愧。但是就连最拙劣的建筑师也比最灵巧的蜜蜂要高明，因为建筑师在着手用蜡来造蜂房之前，就已经在头脑里把那蜂房构成了。劳动过程结束时所取得的成果在劳动过程开始时就已存在于劳动者的观念中了，已经以观念的形式存在着了。他不仅造成自然物的一种形态改变，同时还在自然中实现了他所意识到的目的。这个目的就给他的动作的方式和方法规定了法则（或规律）。他还必须使自己的意志服从这个目的。这种服从并不仅在一些零散动作上，而是在整个劳动过程中各种劳动器官都要紧张起来，此外还要行使符合目的的意志，具体表现为集中注意（聚精会神）。劳动的内容和进行方式对劳动者〔须有吸引力〕，吸引力愈少，劳动者就愈不能从劳动中感到运用肉体和精神两方面的各种力量的乐趣，同时也就愈需要加强集中注意。④

这段引文和上文引的恩格斯关于人和动物的差别的两段话还是一致的，值得特别注意的有以下几个要点。

（一）开宗明义就指出"劳动首先是人和自然都参加的一种过程"，并且说明人在劳动过程中既对自然进行加工改造，同时也在改造自己。说劳动所调节和控制的是"人和自然之间的物质交换"，就是说，人用自己的肉体方面的各种力量，例如肩、腿、头和手，去创造和占领自然的物质财富，从而满足了自己的生活需要，也提高了自己的支配自然的能力。自然提供了人的劳动对象和劳动手段，发挥了人的本质力量；人在自然上面也打下了自己的烙印。双方协作互利，共同推动历史前进。这还是贯串《经济学—哲学手稿》的那条红线，即人道主义与自然主义的统一。

（二）马克思还强调人的自意识（即自觉性）、观念、目的、意志、情趣等精神方面的本质力量。这也是手稿中所详加说明的。肉体和精神两不偏废，并且在行使意志，集中注意中的器官紧张也说明了肉体与精神的紧密联系。这一点在近代心理学和移情派美学中已积累了很多例证。这是和《经济学—哲学手稿》中"整体的人的全面发展"的基本原则是一致的。

（三）马克思在这里沿用了《经济学—哲学手稿》中已举过的蜜蜂造蜂房和人仿制蜂房的差别的例证。这里有几点须特别注意：（a）物质生产和精神生产的一致性。过去心理学和美学一般只强调精神生产的特殊性而忽略了它与物质生产的密切联系和基本一致性，这还是抽象唯心主义的流毒。（b）人和动物在劳动过程中的主要分别在人在劳动创造之前，心里先已有了蓝图，有了观念，有了目的，也就是有了自意识。观念（Idee）这个词在这里指的是感性形象，不是"理念"或"理想"。制造蓝图主要还是通过形象思维。

（四）人的劳动生产都有明确的目的，就是要满足某些具体的生活需要，房子要供人居住，居住就是目的，也就是功用。这就排除了艺术无用论。更重要的是马克思说"这目的就给他的动作的方式和方法规定了法则（或规律）"。这就是第一手稿中所说的对象"固有的（内在的）规律"，这就说明了艺术和美都是有规律的，不是主观臆造的。至于哪些具体对象有哪些规律，须进行具体的分析和总结，规律并不是现存的药方。

（五）马克思肯定了劳动在内容上和在进行的方式上对劳动者都须有吸引力，就是肯定内容和形式都不可偏废。吸引力大，劳动者就感到在劳动中发挥肉体和精神两方面的各种力量的乐趣。这种乐趣实际上就是美感。无论是物质生产还是文艺创造，都可以产生美感，这就进一步说明了二者的一致性。这是艺术起源于劳动的理论基础。

我在近来写的《黑格尔的〈美学〉译后记》和《论形象思维》两文里曾一再说过，对马克思的论"劳动过程"的这段文章对美学的重要性，无论怎样强调也不为过分，因为如果懂透其中的道理，就会懂得这种实践观点必然要导致美学领域里的彻底革命。不过"懂透其中的道理"还不是一件易事。这里引的论"劳动过程"一段名言，便是一个例子。我查看过苏联出版的《马克思恩格斯论艺术》的中文版第一卷第368—369页，其中也选了论"劳动过程"一段，把它摆在"艺术与马克思主义"总标题之下，而本段的小标题则把原书的"论劳动"改为"劳动与游戏"。《资本论》原是分析资本主义制度下的资本和商品的。就在所选的这一段中还说到"现在的劳动是由劳动者拿到市场上出卖的一种商品"，论劳动一段能摆在"艺术与马克思主义"的总标题之下吗？这至少还值得商讨。至于小标题"劳动与游戏"就骇人听闻了。我检查了这段译文，就发现译者根本不曾对照过《资本论》全书的中译本，而在"独出心裁"。例如把最后一段译成这样：

> 劳动以自己的内容和方式愈少吸引劳动者，因而愈少作为体力和智力的游戏（重点是引者加的）来享受，那就愈加必须有合乎目的的意志。

这段译文不但中文难懂，而且对原文擅自删削和颠倒。读者不妨自找德文原文或英文译文对照一下。我参照《资本论》的中译文，对照原文略作校改如下：

> 劳动的内容和进行方式吸引力愈少，劳动者就愈不能从劳动中感到使肉体和精神两方面各种力量发挥作用的乐趣，同时也就需要加强集中注意。

能说上引译文做到了忠实于原文吗？旁的错误且不必说，请特别注意加重点符号的"游戏"和"发挥作用"都是译德文原文Spiel（英译play）。Spiel和play都有这两个不同的含义，究竟是应该用"游戏"还是应该用"发挥作用"呢？这涉及艺术起源于游戏还是起源于劳动的问题。原来德国诗人席勒和英国经验主义者斯宾塞尔都主张艺术起源于游戏，所以这个学说就叫作"席勒—斯宾塞尔的学说"，在西方过去很风行。马克思不赞成这种游戏说而始终坚持艺术起源于劳动，上引译文的译者硬把马克思本人的艺术起源于劳动的学说阉割掉，硬要把"席勒—斯宾塞尔的游戏说"强加到马克思身上，而且还加上"劳动与游戏"这个不伦不类的小标题，问题的严重性就在此。

希望认真的读者找出原文（德文，或英法俄译本）和这句译文仔细对照一下，会看出很多问题（其中也有中文方面的），也会看出认真地对待马克思主义经典著作的翻译工作是多么刻不容缓的事。趁此再向领导同志们呼吁一声，同时也寄希望于后起的新生力量。这份重大责任就要落到他们肩上了。已有的表现和我们社会主义祖国的地位太不相称了。有志者事竟成，这一关是终须冲破，也终会冲破的，阿门！

注释

①《马克思恩格斯选集》第三卷，第518页。

②旧心理学只研究视、听、嗅、味、触五种感官，并且只谈五官的认识功能，所以称它们为"感官"。马克思认为人的本质力量有各种不同的功能。每一种功能在生理上都有一种器官管辖。器官的功用不仅在认识，而且也在实践，不过他沿用旧词，仍称它们为"感官"。一律称为"器官"似较妥，例如人手虽可以通过触觉去认识事物，也可以作为运动器官进行劳动。

③以上恩格斯的引文，均见《马克思恩格斯选集》第三卷，第508—518页。

④中译本见《资本论》第一卷上册，第201—202页。参较德文原文对中译本略加校改。"吸引力愈少"前加"须有吸引力"五字，为了读起来较通顺。——引者

附

《经济学—哲学手稿》新译片断

前　言

在六十年代国内美学讨论中，我曾涉猎过马克思的《经济学—哲学手稿》，参阅过两种中译本，今年有关出版机构又送了一部新译本托我校阅，我觉得新旧译本都还存在着一些严重问题，看起来很吃力，结果还是有很多看不懂的地方。这部手稿是作者在 1844 年以六个月在匆忙之中奋笔疾书写出来的。写定之后就搁下来。后来没有来得及修改，有些段落原稿已遗失了。过了九十几年才由德国马克思、恩格斯、列宁、斯大林编译局出版，接着就有了俄英法等国文字的译本。英文译本还修改过一次，其中至今还有一些严重的错误。应该承认原文有些地方确实艰晦，例如"异化"一词在原书中就有三四个同义词，有时同一个词在不同的地方还有不同的含义，例如 Wesen 这个常见词有时指"本质"（抽象的），有时又指"存在"（具体的东西）。所以翻译这部手稿确实是件难事，过去几种译本有些错误是情有可原的。我自己读这部手稿时，随时都碰见把握不定的地方。为着想多懂一点，我试着从第一手稿中《异化的劳动》章和第三手稿中《私有制与共产主义》章选译了一些关键性的段落。我替自己定了两个奋斗目标：首先要自己对原文基本弄懂，其次是要读者用点心就能读懂。过去两种中译文的通病在于译者基本没有弄懂原文，而且把不大懂的外文框架硬套到中文上，既生硬而又拖沓，本来易懂的话也译得很难懂。我对自己的尝试也很不满意，不过我从尝试中得到一点经验教训。几种旧译本都使我不满意，可是也还使我得到益处，第一是碰到旁人跌跤处，我就多留心点；其次是旁人也偶有可取处，例如自己译完之后，拿旁人的译文再对照一下，总要对自己的译文稍加改动。我们要冲破经典著作翻译这一难关，既要虚心认真，又要集思广益。我的这次尝试主要还是"抛砖引玉"，希望引起一些讨论，日益加深对这部经典著作的理解。

一、异化的劳动^①（选自第一手稿）

……

我们姑从一个现在的政治经济^②的事实出发。劳动者^③生产出的财富愈多，他的生产的力量和范围愈增长，他也就变得愈穷。劳动者创造出的商品愈多，他也就愈变成日益廉价的商品。随着物的世界日益增值，人的世界也以正比例日益贬值。劳动不仅生产商品，它还生产作为一种商品的劳动本身和劳动者——而且一般和它生产商品的速度成正比例。

这个事实只表现出：劳动所生产的对象，即劳动的产品，成为一种疏远的（异己的）东西和劳动者相对立，成为一种离开生产者而独立的力量。劳动的产品就是劳动凝定在一个对象上，变成了物质的，这就是劳动的对象化。劳动的实现就是劳动的对象化。在现在政治经济情况下，对于劳动者来说，这种劳动的实现，表现为劳动者的现实的丧失，对象化表现为对象的丧失和奴役；占有就表现为疏远化或异化。

劳动的实现表现为现实的丧失，严重到劳动者被逼饿死；对象化表现为对象的丧失，严重到劳动者被掠夺去不仅对他的生产而且对他的劳动都极为必要的东西（对象）。劳动甚至变成这样一种对象，劳动者要费最大的努力和经过最不规则的停休才能把它拿到手④。对象的占有表现为异化，严重到劳动者所生产的对象愈多，他所占有的也就愈少，他也就愈落到他的产品，即资本的支配之下。

这一切后果都包括在这样一个定性⑤里：劳动者对他的产品的关系是他对一种疏远的（异己的）对象的关系。从这个前提可以清楚地看出：劳动者愈多地消耗他自己，他所创造的和他自己对立的那个疏远的对象世界也就变得愈有威力，他自己，他的内心世界，也就愈穷，归他占有的也就愈少。情形颇类似宗教。人献给神的愈多，他留给自己的也就愈少。劳动者把他的生命投入对象里，现在他的生命就不再属于他而属于那对象了。从此这种活动的强度愈大，劳动者缺乏对象（货物）的情况也就愈严重。不管他的劳动产品是什么，他却什么也不是。所以这个产品愈强大，他自己就愈渺小。劳动者在他的产品中的异化不仅意味着他的劳动变成一种对象，一种外在的存在，而且还意味着在他之外，对他独立地而且疏远地存在着，作为一种对他是疏远的东西，成了和他对立的一种独立的力量；他拿给那对象的生命也成了一种敌对的疏远的东西和他对立着。

现在我们来更仔细地看一看对象化，劳动者的生产，以及在生产中，他的对象（即产品）的异化和丧失。

劳动者如果没有自然，即没有感性外在世界，他就什么也创造不出来。自然就是资料，他的劳动就实现在这资料上，活动在这资料上，凭借这资料，利用这资料为手段来生产。

但是正如自然一方面向劳动提供生活手段，这就是说，劳动如果没有可凭来操作的对象，它就存在不下去；另一方面它还提供较狭义的生活手段，这就是劳动者自己所借以维持肉体存在的手段。

因此，劳动者愈多地凭他的劳动来占有外在世界即感性自然界，他也就在两方面愈多地剥夺掉自己的生活手段：首先是感性外在世界愈来愈不属于他的劳动的对象，愈不属于他的劳动的生活手段；其次是它愈来愈不是直接的生活手段，即劳动者借以维持肉体存在的手段。

因此，劳动者在这两方面都变成他的对象的奴隶，首先是他接受到一个劳动对象，即一项工作；其次是他接受到维持生活的手段。所以这就使他能首先作为一个劳动者而存在，其次作为一个肉体的主体而存在。这种奴役的极坏处在于：只有作为一个劳动者，他才能继续使自己作为一个肉体的主体；而且只有作为一个肉体的主体，他才能是一个劳动者。

（劳动者在他的对象中的异化表现为这样一种政治经济规律：劳动者生产愈多，供他消耗就愈少；他创造的价值愈多，他自己就愈无价值，愈下贱；他的产品造得愈美好，他自己就变得愈残废丑陋；他的对象愈文明，他自己就变得愈野蛮；劳动愈有威力，劳动者就愈无权；劳动愈精巧，劳动者就愈呆笨，愈变成自然的奴隶。）

政治经济学用不理睬劳动者（劳动）与生产的直接关系的办法，来掩盖劳动本质中固有的异化。劳动固然为富人生产出奇妙的作品，却替劳动者生产出穷困。劳动生产出宫殿，替劳动者却生产出茅棚；劳动生产出美，替劳动者却生产出残缺丑陋；劳动者用机器来代替劳动，却把一部分劳动者抛回到野蛮方式的劳动，把剩下的一部分劳动者变成机器；劳动生产出聪明才智，替劳动者却生产出愚蠢和白痴。

劳动对它的产品的直接关系就是劳动者对他的生产对象的关系。资本家对生产对象以及对生产本身的关系只是前一种关系的后果和证实。我们把这另一方面留待下文再讨论⑥。

因此，我们在追问什么是劳动的基本关系时，其实就是在追问劳动者对生产的关系。

直到现在，我们只是从一个方面来考察劳动者的异化或外化，就是劳动者对他的劳动的产品的关系。但是异化不仅表现在生产的结果上而且还表现在生产的动作上，即生产活动本身上。劳动者如果不是在生产活动中就在异化他自己，他怎么会作为一个陌生人（外来人）来面对他的活动的产品呢？产品毕竟只是生产活动的总结。如果劳动的产品是异化，劳动本身就必然是活动方面的异化，活动的异化，异化的活动。在劳动对象的异化中只是总结了劳动活动本身中的外化或异化。

那么，劳动的异化究竟是由什么构成的呢？

第一，它就是这样一个事实：劳动对于劳动者是外在的，也就是说，并不属于劳动者的本质，所以在他的劳动里他不是肯定而是否定他自己，不是感到快慰而是感到不幸，不是自由地发挥他的身体和精神两方面的力量，而是摧残他的身体，毁坏他的心灵。所以劳动者只感到自己外在于他的劳动，而当他劳动时又感到劳动外在于他自己。他不劳动时就自在，劳动时就不自在。所以他的劳动不是自愿的而是强迫的，是强迫的劳动，因此不是一种需要的满足，而只是满足外在于它的那些需要的一种手段。它的疏远性清楚地表现了这样一个事实：只要身体或其他方面的压力不再存在了，人就立即逃避劳动，像逃避瘟疫一样。外在的劳动，使人异化他自己的劳动，就是自我牺牲的劳动，自我折磨的劳动。最后，劳动对于劳动者的外在性还表现于这样的事实：它不是劳动者自己的，而是旁人的，在这种劳动里劳动者不属于他自己而属于旁人。正如在宗教里人的想象力、人脑和人心的自发能力，可以作为一种疏远的神或鬼的活动不随人意而对他起作用⑦。劳动者的劳动也就是如此，它并不是他的自发的活动而是属于旁人的活动，就是他的自我丧失。

所以结果是：人（劳动者）除掉在吃、喝、生殖乃至住和穿之类动物性功能之外，感觉不到自己在自由活动，而在人性的功能方面，他也感觉不到自己和动物有任何差别。动物性的东西变成了人性的东西，人性的东西变成了动物性的东西。

吃、喝、生殖之类固然也是些真正的人性的功能，但是在把这类功能和其他人性的活动分离开的抽象化之中，把它们变成唯一的最终目的，它们就变成动物性的了。

以上我们已从两个方面考察过劳动这种实践性的人性的活动的异化动作。（一）从劳动者对劳动产品的关系来看，劳动产品是作为一种外在的对象而支配着劳动者的。这种关系同时也就是他对感性外在世界的关系，即对作为一种外在世界而和他敌对的那些自然界对象的关系。（二）从劳动对在劳动过程中的生产行为的关系来看，这种关系就是劳动者对自己的活动的关系，他自己的活动是一种不属于他的异己的活动，在这里活动成了苦恼，有力成了无力，生育成了阉割，劳动者自己的身体和精神两方面的力量，他的个人生活（生活无非就是活动）成了一种既不依存于他又不属于他的而且反对他的活动。这就是自我的异化，上文所讨论过的是物的异化。

此外，我们还要从上述两个定性中引申出异化的劳动的第三个定性⑧。

人是一种物种存在。这不仅因为人在实践和认识⑨两方面都把物种（包括他自己的种和其他物的种）作为他的对象，而且（用另一方式来表达这个事实）也因为他把自己就看成实在的有生命的物种，看成一种具有普遍性的因而是自由的存在。

从肉体方面⑩来说，人和动物的物种生活都要靠无机自然界过活。人比动物愈具有普遍性，他靠来过活的无机自然界的范围也就愈普遍。在认识领域里，例如植物、动物、矿石、空气、光线之类组成人的意识的一部分，时而作为自然科学的对象，时而作为艺术的对象，它们就组成人的精神方面的无机自然界，即精神食粮。对这种精神食粮，人必须进行加工，使其既可口又易消化。在实践领域里也是如此，它们也组成人的生活和活动的一部分。就肉体方面来说，人只靠这些自然界产品来过活，无论它们是作为食品、燃料，还是作为衣服和住所等。在实践方面，人的普遍性正在于人使整个自然界成为他的无机的肉体，这就是说，自然界既是（一）人的直接生活手段，又是（二）人的生活活动的材料、对象和工具。自然界就是人的无机的肉体，这只指不包括人的肉体在内的那部分自然界。说人靠自然界过活，就是说自然界就是人的肉体，如果不愿死，人就必须经常和这种肉体打交道。说人的肉体和精神两方面的生命是和自然界紧密联系在一起的，也就是说自然界是和它本身紧密联系在一起的，因为人本来就是自然界的一个组成部分。

异化的劳动既然把（一）自然界和（二）人自己、人的活动功能、人的生活活动，都从人那里异化出去了，它也就把人的物种从人那里异化出去了，它使人把物种生活变成个人生活的手段。它首先导致物种生活和个人生活的异化，然后再使抽象形式的个人生活变成同样抽象的和异化的物种生活的一种目的。

于是首先就连劳动这种生活劳动，这种生产生活本身对于人来说，也只是满足他的一种需要，也就是保持肉体生存的需要的一种手段。可是生产生活本来是物种的生活。它是生产生命的生活。一个物种的全部特性就在于物种的生活活动的方式，而人的物种的特性就在于他的活动是自由的、有意识的。就连生活本身也显得只是生活手段。

动物和它的生活活动是直接同一起来的。它不把自己和自己的生活活动分别开来⑪。它就是它的生活活动。人却使他的生活活动本身成为他的意志和意识的对象。他有有意识的（自觉的）生活活动。他并不和这个定性直接混而为一。有意识的（自觉的）生活活动把人和动物的生活活动直接分别开来。正是由于这个缘故，人才是一种物种存在，或者说，只是由于他是一种物种存在，他才是一种有意识的存在，这就是说，他的生活对他自己是一个对象。只是由于这个缘故，他的活动才是自由的活动。异化的劳动把这种关系颠倒过来了，以致尽管人本是一种有意识的存在，却使他的生活活动、他的本质，仅仅成为他的维持肉体生存的一种手段。

通过实践来创造一个对象世界，即对无机自然界进行加工改造，就证实了人是一种有意识的物种存在，也就是说，人是把物种存在当作自己的存在来对待，或是把自己当作物种存在的那种存在来对待。动物固然也生产，它替自己营巢造窝，例如蜜蜂、海狸和蚂蚁之类。但是动物只制造它自己或它的后代直接需要的东西，它们只片面性地生产，而人却普遍（全面）地生产；动物只有在肉体直接需要的支配之下才生产，而人却在不受肉体需要的支配时也生产，而且只有在不受肉体需要的支配时，人才真正地生产；动物只生产动物，而人却再生产整个自然界；动物的产品直接联系到它的肉体，而人却自由地对待他的产品；动物只按照它所属的那个物种的标准和需要去制造，而人却知道怎样按照每个物种的标准来生产，而且知道怎样把本身固有的（内在的）标准运用到对象上来制造，因此，人还按照美的规律来制造⑫。

所以正是在改造对象世界之中，人才真正证实他自己是一种物种存在。这种生产就是他的能动的物种生活。通过这种生产，自然界就显得是他的作品和他的实在。所以劳动的对象就是人的物种生活的对象化：因为人不仅在意识中以理智的方式，而且也以实际工作活动的方式，复现了他自己，从而在自己所创造的那个世界中观照到他自己。异化的劳动既然从人那里剥夺去他的生产对象，它也就是从人那里剥夺去他的物种生活，即他的实际的物种的对象性，把人对动物的优点转化为弱点，使他的无机肉体，即自然界，从他那里被剥夺去了。

异化劳动既然把自我活动，即自由活动，降低到成为一种手段，它也就把人的物种生活变成维持人的肉体存在的一种手段了。

人从他的物种得来的意识也由异化加以歪曲，以至物种生活对人竟变成一种手段了。因此，异化的劳动把（三）人的物种存在，即自然和他的精神方面的物种功能转化为对他是异己的一种存在，转化为维持他个人生存的一种手段。它把人自己的身体也从他那里异化出去了，正如外在于他的自然、他的精神本质、他的人的本质都遭到异化一样。

（四）人从他的劳动产品、他的生活活动以及他的物种存在中异化出来了，这一事实的直接后果就是人脱离人的异化。人在和他自己对立时就是和旁人对立。凡是适用于某个人同他的劳动和劳动产品以及同他自己的关系，也同样适用于他同旁人以及旁人的劳动和劳动对象的关系。

人从他的物种本质异化出去，这句话实际上就是说，一个人脱离旁人而异化了，因为这两人之中每一个人都脱离人的本质而异化了。

人的异化，一般地说，人对他自己所处的每一种关系，首先都是由他对那些旁人的关系来实现和表现的。

因此，在异化的劳动的关系范围之内，每个人看旁人都按照他自己作为一个劳动者所发现的标准和关系。

……

因此，通过疏远化的、异化的劳动，劳动者生产出一个对劳动疏远而且外在于劳动的人对这种异化的劳动的关系。劳动者对劳动的关系产生出资本家（或者随便用什么别的名称来称呼劳动的主子）。因此，私有制就是异化的劳动以及劳动者既外在于自然又外在于他自己的那种情况的产品、结果和必然后果。

……

从异化的劳动对私有制的关系就可引申出另一结论：社会从私有制等和奴役中的解放就是劳动者解放的政治形式，这并非说，只有劳动者的解放才是生死攸关的大事，而是说，劳动者的解放就包括全人类的普遍解放在内，因为全人类的奴役都涉及劳动者对生产的关系，都只是这种关系的一种变相和后果。

二、私有制与共产主义（选自第三手稿）

……

三、共产主义就是作为人的自我异化的私有制的彻底废除，因而就是通过人而且为着人，来真正占有人的本质；所以共产主义就是人在前此发展出来的全部财富的范围之内，全面地自觉地回到他自己，即回到一种社会性的（即人性的）人的地位。这种共产主义，作为完善化的（完全发展的）自然主义，就等于人道主义，作为完善化的人道主义，也就等于自然主义。共产主义就是人与自然和人与人之间的对立冲突的真正解决，也就是存在与本质、对象化与自我肯定、自由与必然、个体与物种之间的纠纷的真正解决。共产主义就是历史谜语得到的解答，而且认识到它自己就是这种解答⑬。

因此，整个历史运动，既是共产主义的实际的诞生活动，即它的经验性的实际存在的诞生活动，而对它的思维着的意识来说，又是理解到和认识到的它的生产的运动过程⑭……

很容易看出，这整个变革运动必须要在私有制运动即在经济运动中，既找到它的经验性的基础，又找到它的认识性的基础。

这种物质的直接可感觉到的⑮私有制就是异化的人类生活的物质的可感觉到的表现。它的运动——生产和消费——就是一切直到现在的生产运动的感性揭示，这种生产运动就是人的实现或现实。宗教、家庭、政权、法律、道德、科学、艺术等都是些生产的特殊方式，都受到它的一般规律的统辖。所以私有制的彻底废除，作为人性的生活的占有，就是一切异化的彻底废除——这就是说，人从宗教、家庭、政权等返回到他的人性的即社会性的存在。

……

我们看出：在私有制彻底废除的前提下，人就生产人（包括他自己和旁人）；直接体现他的个性的那个对象同时既是他自己的为旁人的存在，又是旁人的存在，而这旁人的存在也是为他的存在[16]。不过无论是劳动的材料还是作为主体的人也都是如此，既是上述历史运动的出发点，又是它的结果（正是因为二者必然是出发点，私有制才有历史的必然性）。因此，这整个运动的一般性质就是社会性：正如社会生产出作为人性的人，社会也是由人生产出的。活动和享受，无论在内容还是在存在形式方面，都是社会性的；社会性的活动和社会性的享受。自然中所含的人性的本质只有对于社会的人才存在；因为只有在社会里，自然对于人才作为人和人的联系纽带而存在——他为旁人而存在，旁人也为他而存在——这是人类世界的生活要素。只有在社会里，自然才作为人自己的人性的存在的基础而存在。只有在社会里，对人原是他的自然的（原始的——译者）存在才变成他的人性的存在，自然对于他就成了人。因此，社会就是人和自然的完善化的本质的统一体——自然的真正复活——人的彻底的自然主义和自然的彻底的人道主义[17]。

社会性的活动和社会性的享受[18]决不只是以某种直接的集体活动和直接的集体享受的形式而存在，尽管集体活动和集体享受，即直接在人与旁人的实际社会交往中所表现和实现出来的那种活动和享受，也会出现，只要社会性的这种直接表现植根于它的内容的本质而且符合它的自然（本性）。

不过当我以科学的方式活动，即我所从事的活动不大能和旁人直接结成集体去进行时，我也仍然是社会性的，因为我是作为一个人而活动的。不仅我的活动所凭的资料是作为一种社会产品而供给我的（例如思想者所用来活动的语言），而且我自己的实际存在就是社会性的活动；所以我凭自己所做出来的东西是为社会做的，而且我这样做时还意识到自己是一种社会性的存在⑲。

我的一般意识不过是一种活的形象〔反映〕在认识中的形象，这种活的形象就是实在的集体存在或社会性的存在（集体生活或社会生活），尽管现时一般意识只是来自实际生活的一种抽象品，并且作为这种抽象品，却以对抗的方式和实际生活对立着。所以我的一般意识的活动——作为这样一种活动——也是我作为一种社会存在，在我的认识中的存在⑳。

我们首先必须避免把"社会"再定作与个人相对立的抽象品，个人就是社会性的存在。所以他的生活表现——尽管不像是在直接形式上和旁人共同完成的一种生活表现——毕竟还是一种社会生活的表现和证实㉑。人的个体生活和物种生活不管有多大差异（这是不可避免的）——例如个体的存在形态比起物种的存在形态较特殊或较一般，或是物种生活中一种较特殊或较一般的个体生活——二者毕竟不是迥然不同的。

人在他的物种意识里证实了他的真正的社会生活，而且只是在思想里复现他的实际存在，正像反过来说，物种存在也在物种意识里证实它自己，而且在它的一般性上作为一种思维者而自觉地存在着㉒。

因此，人，纵然是一个特殊的个体（正是他的特殊性才使他成为一个个体，成为一个个别的具有集体性的存在），他毕竟还是一个整体，一个理想性（或观念性）的整体，一方面是被思维过和被感觉过的社会作为主体的自为（自觉）的和实际存在；另一方面在现实界里他也既作为社会的实际存在的观照和实际享受，又作为人的各种生活表现的整体而在那里存在着（客观地存在着）㉓。

从此可见，思维和存在尽管有分别，却仍然是互相统一的。

死亡显现为物种对具体个人的严酷的胜利，而且否定了他们的统一㉔。但是具体个人也只是一种具体的物种存在，作为这样的存在，就得有死亡。

四、正如私有制只是下列事实的感性具体表现：人变成了对自己是对象性的，变成了一种疏远的无人道的对象㉕；他的生命表现就是他的生命的异化；他的实现就是他的实现的丧失，成了一种异化的现实。同理，私有制的彻底废除就是由人和为人对人的本质和生活、对象性的人以及人的劳动成就所取得的感性（具体）掌管，这种掌管并不应理解为直接的片面的享受，不是取"占有"（Besitzen）或"所有"（Haben）的意义。人是用全面的方式，因而是作为一个整体的人，来掌管他的全面本质㉖。人对世界的各种人性的关系——视、听、嗅、味、触、思维、观照、情感、意志、活动、爱，总之，他的个体所有的全部器官，以及在形式上直接属于社会器官一类的那些器官，都是在它们的对对象关系或它们对待对象的关系上去占有或掌管那对象，去占有或掌管人的现实界，它们对待对象的关系就是人的现实界的活动，因此，人的本质定性和活动有多么复杂，它们对待对象的关系也就有多么复杂。这就是人的活动和人的忍受，因为忍受，从人的意义来理解，就是人的一种自我享受。

私有制使我们（人）变得很愚蠢和片面，以至一个对象只有当我们占有它，即当它作为资本为我们而存在，或直接归我们所有，归我们吃、喝、穿、住等，总之，由我们使用时，它才成为我们的一个对象。尽管私有制又把这占有本身的直接实现仅仅看作生活手段，而它作为手段对之服务的那种生活却是私有制的生活——即劳动和资本化。

所以，这些肉体和精神方面的全部感觉就都被干脆异化掉，只剩下占有感觉了。人的本质就必须降落到这样极端贫穷，才能使人把他的内在的财富生产出来（关于"占有"这个范畴，参看赫斯在《第二十一页》中的论文）[27]。

因此，废除私有制就是彻底解放人的全部感觉和特性；不过要它成为这种解放，正是要靠这些感觉和特性在主体和对象两方面都已变成人性的，眼睛已变成了人性的眼睛，正因为它的对象已变成一种社会的人性的对象，一种由人造成的为人服务的对象。因此，各种感觉在它们的实践中就已直接变成认识者器官[28]。它们为着一种事物本身而使自己和该事物发生关系，但是该事物本身对它自己和对人的关系是一种对象性的人性的关系[29]，反过来说也是如此。因此，需要和享受都已失去了自私的性质，自然也已失去了它的单纯的功利性质，因为效用已变成了人性的效用。

同理，旁人的感觉和享受也变成归我所有。因此，除掉上述那些直接器官之外，还有一些社会性的器官从社会的形式形成和发展起来了。例如，和旁人的直接社交活动已变成了我表现我的生活的一种器官和人性的生活的一种占有方式[30]。

人的眼睛显然用不同于粗野的非人的眼睛所用的方式来满足自己，人的耳朵也不同于粗野的耳朵，其他感官由此类推。

我们已看到，人只有在一个条件下才不致使自己丧失在他的对象里，那就是该对象变成了对他是人的对象或对象性的人。这也只有在一个条件下才可能，那就是该对象对于他已变成了一种社会性的对象，而他自己对自己也已变成了一种社会性的存在，而社会对于他也变成一种在该对象中的存在。

所以从一方面看，在对象的现实界，对于社会中的人到处都已变成为人的本质力量的现实界——即人的现实界，因而成为他自己的本质力量的现实界时，一切对象对于人就变成了他自己的对象化㉛，变成了肯定（证实）和实现他的个性的对象，变成了他的对象，也就是说，人自己变成了对象。对象怎样变成人的对象就要取决于对象的性质和与对象性质相适应的（人的）本质力量的性质；因为正是根据这二者之间的关系的具体（特定）性质才可以作出特殊的具体的肯定方式。一个对象对于眼睛不同于耳朵，眼睛的对象不同于耳朵的对象。每种本质力量的特殊性正是它的特殊本质，所以也就是它的特殊方式的对象化，特殊方式的对象性的实在的和有生命的存在。因此，人在对象世界中得到肯定，不仅凭思维，而且要凭一切感觉。

另一方面从主体来看，正如只有音乐才唤醒人的音乐感觉，对于不懂音乐的耳朵，最美的音乐也没有意义（感觉），就不是它的对象，因为我的对象只能是我的某一种本质力量的证实（肯定），所以它对于我是怎样也正如我的本质力量作为主体的能力对它自己是怎样，因为一个对象的意义对于我（只有在具有和它相适应的感官的情况下才有感觉〔意义〕）必正和我的感官走得一样远。因此，社会人的各种感觉不同于非社会人的各种感觉，只有通过人的本质力量在对象界所展开的丰富性才能培养出或引导出主体的即人的敏感的丰富性。例如一种懂音乐的耳朵，一种能感受形式美的眼睛，总之，能以人的方式感到满足的各种感官，证实自己为人的本质力量的各种感官，不仅五种感官，而且还有所谓精神的感官，即实践性的感官，例如意志和爱情之类，都是如此。总之，人性的感官，各种感官的人性，都凭相应的对象，凭人化的自然，才能形成。五种感官的形成是从古到今的全部世界史的工作成果。

受到粗野的实践需要支配的感官也只有一种有限的意义（感觉）。对于挨饿的穷人并不存在着人用的那种食品，只存在着食品的抽象存在，可以是最粗糙的，很难说这种饮食活动和动物的有什么不同。满怀忧虑的穷人对于最美的戏剧也没有感觉，珠宝商只看到珠宝的商业价值，却看不到它的美和特质，他根本没有赏识珠宝的感官。因此，人的本质的对象化，无论是从认识的还是从实践的观点来看，都要使人的感官成为人性的，并且创造出能适应人类存在和自然界存在的全部财富的人性的感官㉜。

正如通过私有制及其富裕和贫穷——或则说，物质和精神的两方面的富裕和贫穷——的运动，在成长中的社会为着这种形成所需要的全部材料都是现成的，已形成的社会也创造（生产）出具有全部丰富本质的人，丰富的、具有全面而又深刻的感觉的人，作为它的长存的现实㉝。

我们看出，主观主义和客观主义、唯灵主义和唯物主义、活动和忍受（能动和被动）只有在社会情况中才失去它们的矛盾对立，从而失去作为这些矛盾对立的客观存在；我们看出，认识方面的矛盾对立，只有凭人的实践能力通过实践的方式，才有可能得到解决。所以要解决它们决不只是一种知解方面的课题，而是一种实际生活的课题。这是哲学所不能解决的，正因为哲学把它仅仅看作一种认识方面的课题㉞。

我们看出，工业的历史和工业已建立的客观（对象性）存在就是一部揭示人的本质力量秘密的书，就是向各种感官展现的人类心理学㉟。从前人们对这部书（工业），都不是按照它和人的本质的联系，而总是只按照一种外在的效用关系去理解，因为人们在异化这个框子里活动，对人类的一般存在、宗教或历史，只知道按其抽象的一般的性质，理解为政治、艺术、文学等，理解为人的本质力量的实况和人的物种活动。在寻常的物质的工业中（这种工业既可理解为上述一般运动中的一个组成部分，也可以把上述一般运动理解为工业本身的一个特殊部门，因为从前人类活动都是劳动，都是工业，都是本身已经异化的活动），我们所面临的是一些具有感性的疏远的有效用的对象，即具有异化形式的对象化过的人的本质力量。这部书正是可用感官接触到的历史中最现代的部分，一种心理学如果还没有打开这部书，它就不能成为一门现实的内容丰富的真正的科学。在如此广阔的人类生产活动的财富展现在面前时，一种科学除掉可用"需要""庸俗的需要"，这类词就可表达完的之外，它就看不出任何其他意义，于是就傲然地把这样巨大部分的人类劳动都抽掉不管，而且还感觉不到自己的欠缺，我们对这样一种科学该怎样看呢？各种自然科学已经开展了巨大活动，而且占有了日益增长的大量资料。可是哲学对自然科学仍然是疏远的，正如自然科学对哲学也是如此。过去这两种学问的暂时的统一只是一种离奇的幻想。有统一的意志而没有统一的手段。就连历史编纂学也只偶尔注意到自然科学，把它看作一种有启蒙作用、有实效和导致某些重大发明的因素。但是自然科学现已日益通过工业，以实践的方式在侵入人类生活和进行改革，为人类解放准备，尽管它还必须直接完成阉割人的工作㉞。工业就是自然因而也是自然科学对人的现实的历史关系，所以如果把工业看作对人的本质力量的外来的揭露，我们也就会理解到自然中人的本质或人中自然的本质。结果，自然科学就会抛开它的抽象唯物的，或则毋宁说，抽象唯心的倾向，而变成人的科学的基础㉟，就像它现在就已变成现实的人的生活的基础，尽管还具有异化的形状。如果认为生活有一种基础而科学却有另一种基础，这根本就是一句谎言。在人类历史中亦即在人类社会的诞生活动中变成的自然才是实在的人的自然；因此，通过工业变成的自然，尽管具有异化的形状，才是真正的人类学的自然。

感性世界（见费尔巴哈）必须是一切科学的基础，只有在科学从感性世界的感性意识和感性需要这双重形式出发时，也就是说，只有在科学从自然出发时，它才是真正的科学。于是"人"就变成感性意识的对象，而"人作为人"的需要也变成（自然的感性的）需要，全部历史都是为此作准备，都是发展史。历史本身就是自然史的一个真正的部分，就是自然变成人的经过。自然科学将来会统括人的科学，正如人的科学也会统括自然科学，二者将来会成为一种科学。

人是自然科学的直接对象；因为直接的感性自然对于人就直接是人的感性世界（一种同义的表达方式）直接作为另一个感性地呈现于他的人，因为他自己的感性世界只有通过那另一个人才对他自己成为人的感性世界。但是自然是人的科学的直接对象。人的第一个对象——人——就是自然，就是感性世界，而各种特殊的感性的本质力量一般只有在自然事物的科学中才能获得它们的自我认识，因为它们只有在自然对象中才能得到对象性的（客观的）实现。思维的要素本身——思维的生活表现的要素——语言③，就是感性的自然。因此，自然的社会性的实在、人的自然科学和关于人的自然科学都是同义词。

我们看出，政治经济学中的丰富和贫穷的地位已为丰富的人和丰富人的需要所取代了。丰富的人同时就是需要有人的各种生活表现的完整体的那种人。这种人在他的自我实现中是作为一种内在必然或作为需要而存在的。不仅是人的丰富，就连人的贫穷，在社会主义已实现的前提下，都同样具有人的因而就是社会的意义。贫穷是一种被动的约束，迫使人感到一种需要，要享受最大限度的财富，要成为另一种人。客观（对象性）事物在我身上的统治，我的本质活动的感性迸发，就是激情，这种激情在这里于是就变成我的本质的活动。

（根据 1956 年柏林出版的马克思恩格斯《经济短著》本译）

注释

①"异化的劳动"，原文是 Die entfremdet Arbeit，除 entfremdet 这个动词之外，马克思还用了 entäussern 作为同义词，英译作 estranged 或 alienated，英文名词 stranger 和 alien 都有"陌生人"或"外方人"的意思，所以用作被动词时译"异化"或"外化"都可以，不过德文 entäussern（外化）有"出卖""出让""抛出"等商业的意义。中译有时用"异己的"也颇贴切，不过碰到"自我异化"时，用"自我异己化"便嫌累赘。"异化"已通用，一般以沿用为宜。

"异化"和"外化"这两个词都来自黑格尔和费尔巴哈，与马克思所用的这两个词的意义有联系而实质不同。先说黑格尔，他所说的"外化"或"异化"其实就是"对象化"，是他的辩证法中"正反合"三一体中由正到反的阶段。例如，抽象概念"有"是正，因为片面抽象，还不真实，"有"本身就设立了它的对立面"无"，这就把抽象性的"有"否定掉，单是"无"也还是抽象的，须经过否定的否定，在较高一级上统一起来，这就是"变"。"变"就是"有"与"无"两个相反者的同一，即所谓"合"。这种正反合逐级上升，本不应有止境，可是黑格尔让发展终止于一个笼罩一切的最高概念，叫做"绝对"。黑格尔也有时把"外化"叫做"对象化"，即精神变物质。辩证的发展是历史的必然，所以黑格尔用"外化""异化"这些词一般没有贬义。马克思在这部手稿的最后一章《黑格尔的辩证法及其整个哲学体系的批判》里已批判了黑格尔的客观唯心主义哲学基础及其辩证法的谬误，但仍沿用了"异化""外化""对象化"等词，除"对象化"之外，"异化"和"外化"都带有贬义。"对象化"这个词还基本上沿用黑格尔的原义。

这部手稿受到影响最深的还不是黑格尔而是费尔巴哈。在马克思之前，费尔巴哈已把黑格尔的心物关系的首足倒置扳转过来了，他把由概念转到具体事物的关系转到人对自然的关系。在他的名著《基督教的本质》里，他就从人对自然的关系出发，论证人在宗教信仰中把自己"异化"出去了，也就是说，神是人的异化。不过他所说的人不是某个人而是作为"物种存在"的人类。基督教相信上帝创造出人和万物，实际上并不是上帝创造了人而是人按自己的形象创造了上帝。这就是说，人把同属于一个物种的人类的本质"外射"或"异化"到上帝这个幻想产品上去了。人既把人类本质异化到上帝身上去，就不再能由人自己去发挥人的本质力量了。要人由自己发挥人的本质力量，就必须消除自我异化，也就是要消除幻想中的神。费尔巴哈把黑格尔的哲学也看成一种神学，因为正如宗教和神学把幻想中的上帝看作创世主，黑格尔的哲学也把幻想中的"绝对"看作创世主，也是把人异化掉了，其结果也正是和神学一样使人的本质力量失其应有的作用，所以也必须把这种神学否定掉。这是从唯心主义转到唯物主义和由有神论转到无神论的一大步。不过费尔巴哈缺乏实践经验和历史发展观点，仍大谈其"爱的宗教"，在哲学上仍有半截唯物主义半截唯心主义的缺陷（详见恩格斯的《路德维希·费尔巴哈和德国古典哲学的终结》）。马克思在《经济学—哲学手稿》里既继承了费尔巴哈的人对自然的紧密联系、人的物种本质及其异化等观点，也批判了他的思想的抽象性和不彻底性，论证了社会性才是人的本质，社会是由人在生产劳动中形成的。这是批判继承的范例。要理解这部手稿，首先就要理解这方面的批判继承的关系。

②"政治经济"，这里指政治经济的实况，不应译为"政治经济学"。下文批判掩盖异化的政治经济学指英法等国的古典政治经济学，原文用Nationalökonomie，照字面是"国民经济学"，但英、法、俄三种译文均用"政治经济学"，这是约定俗成的名词，宜沿用。

③一般译为"工人",现一律译为"劳动者",用意在显出劳动者与生产劳动的紧密关系。

④指劳动者极难找到工作,易失业。

⑤"定性"译原文 Bestimmung,英译作 definition(定义)似失原义,中译多作"规定",似嫌含糊,似有人主观地作出"规定",事实上这里指的是"异化"这个客观事实具在三个特性或定性。

⑥本章在原稿中未完中断。现存的部分侧重劳动者对生产劳动的关系,至于非劳动者即产业主或资本家对生产劳动的关系,在本章中只约略提到利息、地租、货币和工资。马克思后来在经济学中的重大发现即"剩余价值学说"可能是从"非劳动者对生产劳动的关系"部分的思想发展出来的。

⑦例如巫婆"过阴",招魂凭附信士身上来说话或卜吉凶。

⑧这第三定性实际上仍是第二定性的深化。"人是一种物种存在",参看本篇的注释①。物种有译为"类"的,嫌含混。英文作 species 是从达尔文来的,严复译为"物种",似较妥。人作为一个物种,就是汉语中的"人类",所以中译本有时译为"类",不过单是一个"类"或"种"都不妥,前面应加"物"字。"物种""物类"都可用,不过前后宜一致:不宜时而用"种",时而又用"类"。研究人类作为一个物种的科学就是"人类学"。费尔巴哈主张以"人类学"取代神学,以研究人的本质为主,所以叫做"人类学的原则",过去有译为"人本主义的原则"的,不妥,因为人本主义是古希腊人的思想,与神学并不冲突。马克思侧重人作为物种的本质,虽受了费尔巴哈的影响,却已认为人的物种本质中已包含费尔巴哈所忽视的社会性,第三稿《私有制与共产主义》章才着重地阐明了这一点。

⑨"认识"原文是 Theorie,中译作"理论"是个错误,因为这个词在希腊文中原指一种"看法",一种"看到的景象"(如戏剧 Theatre 即与 Theorie 同源)。"理论"是一种理性认识,而费尔巴哈和马克思在手稿中所侧重的是感性认识,感性认识尽管还是一种"认识",却不包括"理论"。下文谈感官是认识器官时,也有人误译为"感官是理论家"。Theorie 与 Practice 对举时一般应译"认识与实践",不应译"理论与实践"。

⑩肉体方面原文是：Physic，指"肉体"，不指一般"物质"，中译有作"从物质方面说来"的，下文与"精神生活"并举的"肉体生活"也就成了"物质生活"，毛病出在对外语和马克思主义认识论的掌握都不够。

⑪指动物没有自意识，不能把自己作为认识的对象。

⑫这段和下段说明人在生产劳动中对自然界加工改造，因而创出一个对象世界，包括物质财富和精神财富，既反映了自然，也再现了人自己。马克思在这里把这种对象世界和"美"联系起来，还提到"美的规律"，对美学有特别重大的意义。马克思后来在《资本论》第一卷第三编第五章论"劳动过程"一节里对这段作了进一步的发挥。关于这方面可参看译者为这部手稿写的《马克思的〈经济学—哲学手稿〉中的美学问题》一文。

⑬第一段给共产主义下了一个有深刻哲学意义的定义。共产主义就是要彻底废除私有制和人的自我异化，使人全面地自觉地回到社会性的人的地位，达到人与人、人与自然以及人道主义与自然主义的完全统一。

这里"人的本质"原文是 menschlich wesen，wesen 这个词有两种意义，一是"存在"，是具体的东西（事物），二是"本质"，是抽象的概念。费尔巴哈在《基督教的本质》中用的就是第二个意义。马克思在手稿里两个意义都用。例如，拿思维和存在对举时就取 wesen 的第一个意义，这里就取它的第二个意义。下文还提到"存在与本质"，原文是 Existenz und wesen，也是取 wesen 的第二个意义。"存在"本应体现"本质"，存在与本质脱节便是"异化"的恶果，这是手稿的基本论点。"人的本质"实际上就是"人性"。"人道主义"中译本有译为"人文主义"的，欠妥；因为"人文主义"原指欧洲文艺复兴中对古典文艺和学术的崇尚，而马克思所理解的"人道主义"是人与自然统一的全面发展，是共产主义的人道主义。

这里"彻底废除"中的"彻底"原文是 Positive，有译为"积极的""实证的"或"肯定的"，其实在这里应译为"彻底的"。

⑭已往的历史都是共产主义的准备阶段。整个人类历史都是生产史。

⑮"可感觉到的"原文是 sinnlich，是从名词 Sinn（感官或感觉）变来的，亦可译为"感性的"，其实就是"具体的""物质的"。在黑格尔和马克

思的著作里，"感性世界"往往就指"物质世界"。

⑯这就是"人人为我，我为人人"。

⑰注意第一手稿只强调人的"物种性"，现在"社会性"取代了"物种性"，这是马克思在思想上的重大进展。社会是劳动集体，只有在社会里，人和人、人和自然以及人道主义和自然主义才能真正统一起来，发挥最大的作用。

⑱"活动和享受"原文是 die Tätigkeit und der Genuss，英译本对 Genuss 有时译为 mind（心），有时又译为 consumption（消费），都极不妥。这个词的原义是"享受""乐趣"等，涉及劳动的乐趣和文艺欣赏，在文艺理论方面有特殊的重要性，不应随便译。

⑲注意：马克思并不认为科学研究工作一定要由集体进行。科学家的工作尽管是由个人单干的，仍不失其为社会性的。因为科学家自己本是社会性的人，他的工作是为社会服务的，而且他的研究资料（包括"思想资料"和语言）又是社会产品。

⑳本段"一般意识"即"意识形态"，译"普遍意识"不妥。这里已可看出意识形态理论与反映论的萌芽。

㉑例如上文所说的科学工作。

㉒作为集体，社会也和个人一样，可以作为意识和思维的主体，这是近代群众心理学和社会心理学所证实的。马克思主义的"自在阶级"与"自为阶级"的区分也是从集体可以作为意识和思维的主体这个原则出发的。

㉓这段原文极艰晦。已出版过的中译文还更艰晦。译者参考俄译和英译而试译的这段文字仍很难令自己满意，希望关心这部手稿的同志们共同斟酌，攻破这个难关。

㉔个人有死亡，物种却长存。个人死亡，就破坏了他与物种存在的统一。

㉕人变成了商品和机器之类对象，过着奴役生活。

㉖这句话仍强调人的整体性，是这部手稿中的一个基本观点。下文列举人的各种感官以及知情意各方面的功能或生活活动就是人的"全面本质"。

㉗《第二十一页》是早期共产主义者赫斯（Hess）所办的一个刊物，马克思受过他的影响。

㉘这句中文旧译本是"感觉在自己的实践中成了理论家"（见中文版《马克思恩格斯论艺术》第一卷203页）。"理论家"原文是Theoretiker；理论是抽象思维的工作，本文所讨论的视、听、味、触各种感觉所得到的一般是感性认识，不涉及抽象思维。眼、耳、鼻、舌等怎么就成了理论家呢？Theoretiker在这里只能译为"认识者"或"认识器官"。参看第一稿注。

㉙我只有在某一事物以人的方式使自己对人发生关系的条件下，才能在实践中使我自己和该事物发生关系。——马克思注

㉚社交成为社会性的器官，因为它是我与旁人交流感觉和其他生活活动的渠道，使旁人的变成我的，我的也变成旁人的。

㉛"人的本质力量的现实界"即人的各种感觉和功能发挥作用的场所。"一切对象对于人就变成了他自己的对象化"就是"人化的自然"。例如我植了一棵树，这棵树就体现了我的本质力量，所以它就是我自己的对象化，我在树身上肯定了我自己作为人的本质。这棵树对我的肉体和精神两方面也发生了一些影响。所以自然之中有我的本质力量的因素，我之中也有自然力量的因素。这条人与自然、人与人、主体与对象（客体）的统一，即人道主义与自然主义统一的基本原则，是研究这部手稿所要首先掌握的。

㉜以上关于人的感官功能及其发展是马克思主义文艺理论中一个重要组成部分，因为文艺主要靠形象思维这种感性认识活动。参看恩格斯的《自然辩证法》中《劳动在从猿到人转变过程中的作用》一节。

㉝这里拿两种社会来反比：一种是在成长中（werdend）还实行私有制的社会，一种是将来既已形成的（geworden）进入共产主义的产生全面发展的丰富的人的社会。

㉞认识方面的矛盾只有人通过实践才可解决，这就是"实践是检验真理的唯一标准"。

㉟以下阐明共产主义时代工业和自然科学的宏大远景，即从人类凭自己的本质力量对自然界（包括社会）加工改造，达到"人尽其能，物尽其

利"的最高度丰富性的物质和精神的全面发展。这种发展在现代主要表现于工业（包括农业）。工业是一部以具体感性世界揭开人类本质力量的活动及其丰富成果的秘密的书。它在认识方面的反映就是真正的心理学，也就是自然科学和社会科学统一起来的整体（"人的科学"）。马克思的这个基本思想给费尔巴哈的"人类学原则"以一种新的远较深广的涵义：私有制和异化的彻底废除和人类的真正解放。马克思也批判了古典政治经济学单从"庸俗的需要"而不从人类全面发展的观点出发。

㊱要让私有制和异化的脓包发展到成熟。

㊲自然中有人的本质，人之中也有自然的本质，抽去前者是抽象的唯物倾向，抽去后者是抽象的唯心倾向。抛开这两种抽象，才能找到"人的科学"的基础。

㊳语言是思维本身的要素——马克思主义语言学中的基本原则。

形象思维：从认识角度和实践角度来看

　　毛泽东《给陈毅同志谈诗的一封信》在 1978 年 1 月发表以来，文艺界一直在进行深入的学习和热烈的讨论，大家都体会到这封信指出了新诗和一般文艺今后发展的大方向，其中最重要的一点是肯定了形象思维在文艺创作中的重要作用。毛泽东说："诗要用形象思维，不能如散文那样直说，所以比、兴两法是不能不用的。"毛泽东还指出不用形象思维的弊病说："宋人多数不懂诗是要用形象思维的，一反唐人规律，所以味同嚼蜡。"联系到新诗，毛泽东指出："要作今诗，则要用形象思维方法，反映阶级斗争与生产斗争，古典绝不能要。"这个关于文艺方针的一项极重要的文件，解决了美学理论中一个在国内久经争论的问题，彻底粉碎了"四人帮"所鼓吹的"从路线出发""主题先行"和"三突出"之类谬论以及其在文艺界所造成的歪风邪气，为马克思主义艺理论的发展和我国文艺创作的繁荣都奠定了牢固的基础。

　　笔者多年来在介绍西方文艺理论时不断地述评情感与想象对文艺创作的重要性，凡是看过《西方美学史》近代部分的人都会看出述评的主题之一就是形象思维。这部教材 1962 年出版之后不久，在 1965 年夏季曾有人大张旗鼓地声讨形象思维论，说"所谓形象思维论……正是一个反马克思主义的认识论体系，正是现代修正主义文艺思潮的一个认识论基础"，"不过是一种违反常识，背离实际胡编乱造而已"。北京文化界对此曾举行过一次座谈会，由反形象思维论者说明他的理由，让与会者讨论。作为形象思维的一个辩护者，笔者也应邀参加讨论，提出了一些直率的意见。过了几个月，这篇声讨形象思维论的大文就在当时由陈伯达控制的《红旗》（1966 年第 2 期）上以最显著的地位发表了。接着"四人帮"就对知识界进行法西斯专政，笔者对此就不再有说话的权利了，但是心里并没有被说服。读到毛主席《给陈毅同志谈诗的一封信》，憋了十几年的一肚子闷气霎时通畅了，接着在报刊上读到一些讨论的文章，受到了不少启发，看来意见也还有些分歧，似值得继续深入讨论下去。问题牵涉面很广，现在只能从美学史出发，从认识和实践的角度来提出一些看法，请同志们批评指正。

首先来谈一下反形象思维论者控诉形象思维论的一个罪状："违反常识，背离实际，胡编乱造。""形象思维"这个词要涉及语言学常识，它在英法文都是 imagination，在德文是 Einbildung，在俄文是 Восбрашэпие；相应的字根是 image，Bild 和 Образ，意思都是"形象"，派生的动名词就是"想象"。"形象思维"和"想象"所指的都是一回事。过去常用"想象"，到了十八世纪中期，德国黑格尔派美学家"移情说"的创始人弗列德里希·费肖尔在《论象征》一文里才用过"形象思维"这个词。他说，思想方法有两种：一种用形象或形状，另一种用概念和文词；认识宇宙的方式也有两种：一种用文词，另一种用形象[①]。在俄国较早用"形象思维"这个词的是别林斯基。这两位都是用"形象思维"来诠释"想象"的。

"名者实之宾"，名所以指实，先有实而后有名，无论在外国还是在中国，"想象"或"形象思维"都是有实可指的、字源很古的，而且现在还是日常生活中经常运用的词。例如"想象"这个词，屈原在《远游》里就已用过（"思旧故以想象兮"），杜甫在《咏怀古迹》五首里也用过（"翠华想象空山里"）。我国文字本身就大半是形象思维的产品，许慎《说文解字》序里所说的六书之中较原始而且也较重要的"象形""谐声""指事"和"会意"四种都出自形象思维。中国诗文一向特重形象思维，不但《诗经》《楚辞》和汉魏"乐府"如此，就连陆机的《文赋》和司空图的《诗品》也还是用形象思维而不是抽象说理。难道这一切都是"胡编乱造"吗？

一、从认识角度来看形象思维

认识论首先涉及心理学常识，人凭感官接触到外界事物，感觉神经就兴奋起来，把该事物的印象传到头脑里，就产生一种最基本的感性认识，叫做"观念""意象"或"表象"。这种观念或表象储存在头脑里就成为记忆，在适当时机可以复现。单纯的过去意象的复现是被动式的，文艺创作所用的都是一种"创造性的形象思维"，就各种具体意象进行组织安排和艺术加工，创造出一个新的整体，即艺术作品。哲学家和科学家对这种来自感性认识的具体事物的意象却用不同于艺术的方式加以处理。那就是用分析、综合、判断和推理，得出普遍概念或规律的逻辑思维。逻辑思维是根据感性认识而比感性认识高一级的认识活动。这个道理毛泽东在《实践论》里说得再精辟不过了。"认识的感性阶段，就是感觉和印象的阶段", "社会实践的继续, 使人们在实践中引起感觉和印象的东西反复了多次, 于是在人们的脑子里生起了一个认识过程中的突变 (即飞跃), 产生了概念", "概念同感觉, 不但是数量上的差别, 而且有了性质上的差别"。形象思维属于感性认识范畴。在文艺方面强调形象思维, 因为文艺要从现实生活出发而不是从概念公式出发, 所达到的成果也不是概念性的理论而是生动活泼的艺术形象。所以毛泽东一再指示文艺工作者必须深入工农兵群众中去, 深入工农兵的实际斗争中去, "到唯一的最广大最丰富的源泉中去, 观察、体验、研究、分析一切人, 一切阶级, 一切群众, 一切生动的生活形式和斗争形式, 一切文学和艺术的原始材料, 然后才有可能进入创作过程"②。从此可见, 文艺创作之前必须深入现实生活, 加深对现实生活的感性认识, 积蓄文艺创作的原始材料。这正是根据马克思主义的认识论和文艺观点。反形象思维论者所提出的公式却是 "表象 (事物的直接印象) →概念 (思想) →表象 (新创造的形象)"。这个公式并不符合马克思主义的认识论体系和文艺观点, 其理由有二: 第一, 概念是逻辑思维的结果, 是由感性认识到理性认识的一种飞跃, 要经过分析综合和判断推理的复杂过程, 表象能简单地就 "飞跃" 到概念吗? 其次, 第二个表象即文艺作品, 据上述公式, 它是由概念产生的, 也就是说, 文艺是逻辑思维的产品。逻辑思维既然担负了文艺创作的任务, 当然就不用形象思维了。这种论点和 "主题先行论" 倒是一丘之貉。提出这种论点的人反而说 "现代形象思维论是现代修正主义文艺思潮的一个认识论的基础"。大家试想一想, 这顶大帽子究竟应该给谁戴上才最合式呢?

（一）从西方美学史来看形象思维

我们的主要课题是要从西方美学史角度来看形象思维问题。在西方，从古希腊一直到近代，奉为文艺基本信条的是"摹仿自然"。摹仿自然实际上就是反映现实，但这个提法也可能产生误解，以为摹仿即抄袭，因而忽视文艺的虚构和创造作用。柏拉图就有过这种误解。从客观唯心主义出发，他认为只有"理"或"理式"（Idee）才真实，具体客观事物是理式的摹仿，离真理已隔了一层，只是真理的"摹本"或"影子"，至于摹仿具体客观事物的文艺作品和真理又隔了一层，只是"摹本的摹本""影子的影子"，也就是虚构的幻想。根据这种理由，柏拉图要把诗人驱逐出他的"理想国"境外。他可以说是西方反对形象思维的第一个人。反对形象思维所导致的结果就是限制文艺的发展，甚至排斥文艺。《理想国》一书的结论正说明了这一点。不过柏拉图言行并不一致，他的哲学对话也不是抽象说理，大半用生动具体的形象来阐明他的哲理。他的门徒亚理斯多德是"摹仿自然论"的坚决维护者，他的《诗学》肯定了诗人要描写的是"按照可然律或必然律可能发生的事"，描写的方式是"按照事物应该有的样子"。在《伦理学》中他还肯定了艺术是一种"生产"、一种"创造"，作品的"来源在于创造者而不在对象本身"。因此，他认为文艺作品虽要虚构，却不因此就虚假；不但如此，它比起记载已然事物的历史"还是更哲学的、更严肃的"，更"带有普遍性"。亚理斯多德这些观点已包含了形象思维和艺术创造的精义，尽管他还没有用"形象思维"这个词[③]。在《修词学》里他还讨论了"隐喻"和"显喻"。这就涉及"比""兴"了。

西方古代文艺理论中想象或形象思维这个词最早出现在住在

罗马的一位雅典学者菲罗斯屈拉特斯（Philostratus，170—245）所写的《阿波罗琉斯的传记》（*Life of APollonius of Tyana*）④。这里涉及形象思维的一段话是文艺由着重摹仿发展到着重想象的转折点。阿波罗琉斯向一位埃及哲人指责埃及人把神塑造为一些下贱的动物，并且告诉他，希腊人却用最好的最虔敬的方式去塑造神像。埃及哲人就问："你们的艺术家们是否升到天上把神像临摹下来，然后用他们的技艺把这些神像塑造出来，还是有什么其他力量来监督和指导他们塑造呢？"他回答说："确实有一种充满智慧和才能的力量。"埃及哲人问："那究竟是什么力量？除掉摹仿以外，我想你们不会有什么其他力量。"接着就是以下一段有名的回答：

> 创造出上述那些作品⑤的是想象。想象比起摹仿是一种更聪明伶巧的艺术家。摹仿只能塑造出见过的事物，想象却也能塑造出未见过的事物，它会联系到现实去构思成它的理想。摹仿往往畏首畏尾，想象却无所畏惧地朝已定下的目标勇往直前。如果你想对天神宙斯有所认识，你就得把他联系到他所在的天空和众星中间，并且一年四季地去看，菲狄亚斯就是这样办的。再如你如果想塑造雅典娜女神像，你也就必须在想象中想到与她有关的武艺、智谋和各种技艺以及她如何从她父亲宙斯的头脑中产生出来的⑥。

这里值得注意的是"想象却也能塑造出未见过的事物"，会"联系到现实去构思成它的理想"，而且在塑造人物形象时须联系到人物的全部身世和活动去构思，足见想象仍必须从现实生活出发，但不排除虚构和理想化。这里也可看出典型人物性格的要义。涉及的题材是神话，据黑格尔对象征型艺术的论述，希腊众神都是荷马和赫西俄德两位史诗人按照人的形象把他们创造出来的，每个神都代表一种人物性格，所以各是一种典型，也各是一种形象思维的产品。

"想象"这个词在西方虽到公元三世纪左右才出现，可是它所指的事实却比历史还更古老。读者不妨参考黑格尔的《美学》第二卷，特别是论象征型艺术中涉及希腊、中世纪欧洲以及古代埃及、印度和波斯的宗教和神话的部分。从此就可以见出，形象思维是各民族在原始时代就已用惯了的，尽管古代很少用这个名词。

对于一般关心西方美学史和文艺批评史的人来说，注意力宜集中到由封建社会过渡到资本主义社会近代五百年这段时间里。在这段时间里，社会制度和人类精神状态都在随经济基础和自然科学的发展起着激烈的变化。哲学界进行着英国经验主义对大陆理性主义的斗争，文艺界进行着以英德为代表的浪漫主义对法国新古典主义的斗争。这两场意识形态领域里的斗争是互相关联的，都反映出上升资产阶级对封建制度的冲击以及个性自由思想对封建权威的反抗。十七世纪欧洲大陆上流行的是笛卡儿、莱布尼兹和沃尔夫等人的理性主义。当时所谓"理性"还是先天的、先验的，甚至是超验的，不是我们现在所理解的以感性认识为基础的理性认识。和大陆理性主义相对立的是当时工商业较先进的英国的培根、霍布斯、洛克、休谟等人所发展出来的经验主义。他们认为人初生下来时头脑只是一张白纸，生活经验逐渐在这张白纸上积累下一些感官印象，这就是一切认识的基础。他们根本否认有所谓无感性基础的"理性"。肯定感性认识是一切认识的基础，这是经验主义的合理内核。形象思维在文艺创作中的作用日益受到重视是和经验主义重视感性认识分不开的，也是和浪漫运动对片面强调理性的法国新古典主义的反抗分不开的。新古典主义的法典是布瓦洛的《诗艺》。这部法典是从笛卡儿的良知（Bon sens）说出发的，强调先天理性在文艺中的主导作用：

> ……要爱理性：让你的一切文章
> 永远只从理性获得价值和光芒。

全篇始终没有用过"想象"这个词。但是在英国，比布瓦洛还略早的培根就已在强调诗与想象的密切关系。在他的名著《学术的促进》里培根把学术分成历史、诗和哲学三种，与它们相适应的人类认识能力也有三种：记忆、想象和理智。他的结论是"历史涉及记忆，诗涉及想象，哲学涉及理智"。从此可见，培根不但已见出形象思维和抽象思维的分别，把文艺归入形象思维，而且还指出复现性想象（记忆）和创造性想象的分别，指出诗不同于历史记载。在《论美》一篇短文里，他还指出同出形象思维，诗与画却有所不同，诗能描绘人物动作，画却只能描绘人物形状，这也就是后来莱辛在《拉奥孔》里所得到的结论。此后英国文艺理论著作没有不强调想象的。就连本来崇拜法国古典主义的艾迪生也写过几篇短文鼓吹"想象的乐趣"。到了浪漫运动起来以后，想象和情感这一对孪生兄弟就成了文艺创作的主要动力，具体表现在抒情诗歌和一般文艺作品里，也反映在文艺理论里。这是上升的资产阶级的自我中心，力求自由扩张的精神状态的反映，后来虽有流弊，却也带来了一个时期的文艺繁荣。

十八世纪中美学研究也开始繁荣了，大半都受到英国经验主义的影响。涉及形象思维要旨的有两部值得一提的著作：一部是意大利哲学家维柯的《新科学》。维柯初次从历史发展观点，根据希腊神话和语言学的资料，论证民族在原始期，像人在婴儿期一样，都只用形象思维，后来才逐渐学会抽象思维。在神话研究方面，后来黑格尔在《美学》第二卷论象征型艺术部分以及马克思关于神话的看法多少有些近似维柯的看法。在美学和语言学方面受他影响最深的是他在意大利的哲学继承人克罗齐。现代瑞士儿童心理学家皮亚杰（Piaget）也从研究儿童运用语言方面论证了儿童最初只会用形象思维⑦。

十八世纪另外一种值得注意的著作就是初次给美学命名为"埃斯特惕克"的鲍姆嘉通的《美学》。作者明确地把美学和逻辑学对立起来，美学专研究感性认识，其中包括艺术的形象思维；逻辑学则专研究抽象思维或理性认识。

总之，"形象思维"古已有之，而且有过长期的发展和演变，这是事实，也是常识，并不是反形象思维论者所指责的"违反常识、背离实际胡编乱造"。这种指责用到他自己身上倒很适合。

（二）马克思肯定了形象思维

反对形象思维论者不但打着"常识"的旗号，而且打着"马克思主义的认识论"的旗号，叫嚣什么形象思维论是"一个反马克思主义的认识论体系"。上面我们已根据毛泽东同志的《实践论》说明了形象思维所隶属的感性认识的合法地位，现在不妨追问：究竟马克思本人是不是一位反形象思维论者呢？梅林在《马克思与寓言》一文里论证了马克思继歌德和黑格尔之后是"一位天生的寓言作者"（faisseur d'allégories né）⑧。寓言或寓意体诗文就是中国诗的"比"，黑格尔的《美学》第二卷结合象征型艺详细讨论过，它还是形象思维方式之一。马克思在他的经典性著作里也多次肯定了形象思维。最明显的例子是《政治经济学批判》的"导言"里关于神话的一段话：

> ……任何神话都是用想象和借助想象以征服自然力、支配自然力，把自然力加以形象化……希腊艺术的前提是希腊神话，也就是已经通过人民的幻想用一种不自觉的艺术方式加工过的自然和社会形式本身。这是希腊艺术的素材⑨。

接着谈到社会发展到不再用神话方式对待自然时，马克思说，这时就"要艺术家具有一种与神话无关的幻想"。"想象"在原文中用的是 Einbildung，"幻想"在原文中用的是 Phantasie，这两个单词在近代西文中一般常用作同义词。足见马克思肯定了艺术家要有形象思维的能力，尽管神话时代已过去。在摩根的《古代社会》的评注里，马克思也是就神话谈到"想象"，把想象叫做人类的"伟大资禀"。毛泽东同志在《矛盾论》里谈到神话时也引用了上引马克思的一段话，并且结合到神话中的矛盾变化，指出神话"乃是无数复杂的现实矛盾的互相变化对于人们所引起的一种幼稚的、想象的、主观幻想的变化"，"所以它们并不是现实之科学的反映"。从此可见，毛泽东同志肯定形象思维，并不是从《给陈毅同志谈诗的一封信》才开始，而是早就在这个问题上发挥了马克思主义。毛泽东同志的诗词就是形象思维的典范。

二、从实践角度来看形象思维

马克思主义创始人分析文艺创造活动从来都不是单从认识角

度出发，更重要的是从实践角度出发，而且分析认识也必然是要结合到实践根源和实践效果。早在 1845 年，马克思在《关于费尔巴哈的提纲》里就反复阐明实践的首要作用⑩，他指出："人的思维是否具有客观的真理性，这并不是一个理论的问题，而是一个实践的问题。"费尔巴哈的"主要缺点是：对事物、现实、感性，只是从客体的或者直观的形式去理解，而不是把它们当作人的感性活动，当作实践去理解，不是从主观（应作"主体"——引者）方面去理解"；"费尔巴哈不满意抽象的思维而诉诸感性的直观，但是他把感性不是看作实践的、人类感性的活动"。这些论纲是马克思主义哲学的核心。毛泽东同志在《实践论》里更加透辟地发挥了《费尔巴哈论纲》的要旨。在这篇光辉的著作里实践论取代了过去的认识论，对哲学做出正本清源的贡献。可惜我们过去在美学讨论和最近的形象思维的讨论中没有足够地深入学习这些重要文献，所以往往是隔靴搔痒。片面强调美的客观性和片面从认识角度看形象思维，都是例证。最近哲学界还有人否认实践是检验真理的唯一的标准。这些都说明马克思主义在我们头脑里扎根还不深，值得警惕。

从实践观点出发，马克思主义创始人一向把文艺创作看作一种生产劳动。生产劳动，无论就现实世界这个客体还是就人这个主体来看，都有千千万万年的长期发展过程。这道理恩格斯在《劳动在从猿到人转变过程中的作用》一文里已作了科学叙述⑪。马克思著作中讨论文艺作为生产劳动最多的是在 1844 年写成的《经济学—哲学手稿》⑫。这部著作里研究了各种感官和运动器官的发展与审美意识的形成，研究了劳动与分工对人的影响，证明了在劳动过程中人类不断地按自己的需要在改变自然，在自然上面打下了人的烙印（这就是对象或客观世界的"人化"）。同时也日渐深入地认识自己和改变自己。

马克思后来在《资本论》第一卷第三编第五章里扼要概括《经济学—哲学手稿》里关于劳动过程改造客观世界从而改造作为劳动主体的人这个道理如下：

> 劳动首先是在人与自然之间所进行的一种过程，在这种过程中，人凭他自己的活动来作为媒介，调节和控制他跟自然的物质交换。人自己也作为一种自然力来对着自然物质。他为着要用一种对自己生活有利的形式去占有自然物质，所以发动各种属于人体的自然力，发动肩膀和腿，以及头和手。人在通过这种运动去对外在自然进行工作，引起它改变时，也就改变他本身的自然（本性），促使他的原来睡眠着的各种潜力得到发展，并且归他自己去统制，我们在这里姑且不讨论最原始的动物式的本能的劳动……我们要研究的是人所特有的那种劳动。蜘蛛结网，颇类似织工纺织；蜜蜂用蜡来造蜂房，使许多人类建筑师都感到惭愧，但是即使最庸劣的建筑师也比最灵巧的蜜蜂要高明，因为建筑师在着手用蜡来造蜂房以前，就已经在他的头脑中把那蜂房构成了。劳动过程结束时所取得的成果已经在劳动过程开始时存在于劳动者的观念中，已经以观念的形式存在着了。他不仅造成自然物的一种形态改变，同时还在自然中实现了他所意识到的目的，这个目的就成了规定他的动作的方式和方法的法则，他还必须使自己的意志服从这个目的。这种服从并不是一种零散的动作，在整个劳动过程中，各种劳动器官都紧张起来以外，还须行使符

合目的的意志，这表现为注意，劳动的内容和进行的方
式对劳动者愈少吸引力，劳动者愈不能从劳动中感到自
己运用身体和精神两方面的各种力量的乐趣，他对这种
注意的需要也就愈大。⑬

马克思的这段教导对于美学的重要性无论如何强调也不为过分，
它会造成美学界的革命。这段话不仅阐明了一般生产劳动的性质
和作用，同时也阐明了文艺创作作为一种生产劳动的性质和作
用。建筑是一种出现较早的艺术，已具有一切艺术活动的特征。
建筑师用蜡仿制蜂房，不是出于本能，而是出于自觉意识，要按
照符合目的的意识和意志行事。在着手创作之前，他在头脑中已
构成作品的蓝图，作品已以观念的形式（原文是副词 ideel）存在
于作者的观念或想象（原文是 Vorstellung，一般译为"观念"或
"意象"，法译本即译为"想象"）中，足见作品正是形象思维的
产品。更值得注意的是，形象思维不只是一种认识活动，而是一
种既改造客观世界从而也改造主体自己的实践活动，意识之外还
涉及意志，涉及作者对自己自由运用身体的和精神的力量这种活
动所感到的乐趣。也就是在这个意义上，劳动（包括文艺创作）
会成为人生第一必需。

从这个观点来看形象思维，它的意义与作用就比过去人们所
设想的更丰富更具体了。过去美学家们在感官之中只重视视觉和
听觉这两种所谓"高级感官"和"审美感官"，就连对这两种感
官也只注意到它们的认识功能而见不出它们与实践活动的密切联
系。马克思在《经济学—哲学手稿》里五种感官都提到，特别阐
明在人与自然的交往和交互作用的过程中，双方都日益发展，自
然日益丰富化，人的感官也日益锐敏化。五官之外马克思还提到

头、肩、手、腿之类运动器官，恩格斯特别强调人手随劳动而日益发展是由猿转变到人的关键。"手变得自由了，能不断地获得新的技巧，完善到仿佛凭着魔力似地产生出拉斐尔的绘画、托瓦尔德森的雕刻和帕格尼尼的音乐。"

（一）近代心理学的一些旁证

近代心理学的发展也给感官认识与实践活动的密切联系提供了一些旁证。

第一个旁证就是法国心理学家夏柯（Charcot）、耶勒（Janet）和库维（Coué）等人根据变态心理所发展出来的"念动的活动"（ideomotor activity）说。依这一说，头脑里任何一个固定化观念（或意象）如果不受其他同时并存的观念的遏制作用，就往往自动机械似地转化为动作，例如人格分裂症和夜行症之类情况。即在日常生活中，"念动的活动"的事例也不少，例如专心看舞蹈或赛跑，自己的腿也就动起来；看到旁人笑或打哈欠，自己也不知不觉地照办。法国另一个著名的心理学家里波（Th. Ribot）把念动的活动应用到文艺心理学里，写出了《创造性的想象》（*L'imagination créatrice*）⑭一书。他从各方面研究了创造性的形象思维。另外一个法国著名的美学家色阿伊（G. Séailles）在他的《艺术中的天才》（*Le Génie dans l'art*）⑮里也详细讨论了念动的活动与形象思维的问题，特别是其中第三章。这一类的著作对于研究形象思维问题的人们都是不可忽视的资料。

第二个旁证是关于筋肉感觉（kinetic sensation）或运动感觉的一些研究⑯。过去只提五官，现在又添了一种感觉到运动中的筋肉感官。感觉到运动也就要在脑里产生一种意象，而这种运动意象也就要成为形象思维中的一个因素。近代美学中费肖尔和立普斯派的"移情作用"以及谷鲁斯派的"内摹仿作用"都是从研究运动感觉而提出的⑰。美籍犹太文艺评论家贝冉孙（Berensen）在他的名著《佛罗伦萨派绘画》中特别着重绘画作品对观众心中所产生的筋肉紧张或松弛的感觉。其实这种看法在我国早已有之。画论中所提的"气韵生动"，文论中所提的"气势"和"神韵""阳刚"和"阴柔"之类观念至少有一部分与筋肉感觉有关。传说王羲之看鹅掌拨水，张旭看公孙大娘舞剑，从而在书法上有所改进。还有一位名画家在画马之先，脱衣伏地去体验马的神态姿势。这些都必然借助于筋肉感觉。不过造型艺术（雕刻和绘画）之类"空间艺术"，一般较难表现运动，所以温克尔曼主要从希腊雕刻入手，才得出伟大艺术必以"静穆"为理想的片面性结论。筋肉感觉起作用最大的是音乐、舞蹈和诗歌之类"时间艺术"。这一类艺术都离不开节奏，而节奏感主要是一种筋肉感或运动感。我们不妨挑一些描绘运动的作品来体验一下，例如：

> 噫吁嚱，危乎高哉！蜀道之难，难于上青天！
>
> ——李白《蜀道难》

> 荡胸生层云，决眦入归鸟。会当凌绝顶，一览众山小。
>
> ——杜甫《望岳》

> 昵昵儿女语，恩怨相尔汝。划然变轩昂，勇士赴敌场……跻攀分寸不可上，失势一落千丈强。
>
> ——韩愈《听颖师弹琴》

读这类作品，如果不从筋肉感觉上体会到其中形象的意味，就很难说对作品懂透了。历来在诗文上下工夫的人都要讲究高声朗诵，其原因也正是要加强抑扬顿挫所产生的筋肉感觉，从而加深诗文意味的体会。

第三个旁证是关于哲学界和心理学界对"有没有无意象的思想（imageless thought）"问题的争论，笔者在欧洲学习时正赶上这场争论，报刊上经常有报道⑱。一位英国学者（名字已记不起了）写过一部书，评介了这场争论。所谓"无意象的思想"就是一般所谓"抽象的思想"。抽象思想的存在是不容否认的，坚持没有"无意象的思想"的一派人的出发点还是理性认识不能没有感性认识的基础这一基本原则。值得注意的是，这派人也正是强调筋肉感觉的。记得他们所举的事例之一是"但是"这个联结词。从表面看，这个词及其所代表的思想是一般性的、无意象的。说它是"有意象的"，他们却也拿出了心理学实验仪器所记录下来的筋肉感觉转向的证据。筋肉在注意力强化、弱化或转向时都产生不同的感觉，留下不同的意象。所以像"但是""如果"这类词所代表的思想毕竟还不是无意象的。这一点旁证可以帮助我们更好地理解马克思在上引一段话里所提到的"劳动器官紧张"和表现为"注意"的"符合目的的意志"活动。

（二）艺术作品必须向人这个整体说话

从以上所述各点可以看出形象思维这个问题是很复杂的，决不能孤立地作为一种感性认识活动去看，认为它是既不涉及理性认识，更不涉及情感和意志方面的实践活动。这种形而上学的机械观在美学界至今还很流行。病根在于康德的《判断力的批判》上部这一美学专著。康德在这里用的是分析法。为科学分析起见，他把人的活动分析为认识和实践两个方面，实践活动又分为互相联系的意志和情感两个方面。接着他就在这个体系中替审美活动或艺术活动找一个适合的位置，把它分配到感性认识那方面去。"界定就是否定"，康德的界定就带来了两个否定，一个是否定了审美活动与逻辑思维所产生的概念有任何牵连，另一个是否定了它与实践方面的利害计较和欲念满足有任何牵连。这样，真善美就成了三种截然分开的价值，互不相干。康德的出发点是主观唯心主义和形而上学的机械观。不可否认他在美学方面作出了一些功绩，但是也应认识到他的观点所造成的恶劣后果，在文艺界发展为"为艺术而艺术"的风气，在美学界发展成为克罗齐的"直觉说"。从此文艺就变成了独立王国，摆脱了一切人生实践需要的形象"游戏"。一般对文艺活动没有亲身经验和亲切体会的美学学究们（包括笔者本人）中这种形而上学机械观的毒都很深，在十九世纪科学界的有机观，特别是马克思主义的唯物辩证法已很久就日益占优势了，现在是彻底清算余毒的时候了。

什么是辩证的有机观呢？歌德在《搜藏家和他的伙伴们》中第五封信里说得顶好：

> 人是一个整体，一个多方面的内在联系着的能力（认识和实践两方面的——引者注）的统一体。艺术作品必须向人这个整体说话，必须适应人的这种丰富的统一整体，这种单一的杂多。

要"适应人的这种丰富的统一整体"，艺术活动（包括形象思维在内）就必须发动和发展艺术家自己的和听众的全副意识、意志和情感的力量和全身力量，做到马克思论生产劳动时所说的

"从劳动中感到运用身体和精神两方面各种力量的乐趣"。这样才不会对美、美感和形象思维之类范畴发生像过去那样片面孤立因而仍是抽象的观念。

这样一来，美学的任务就比过去远较宽广，也远较复杂了。艺术虽然主要用形象思维，不以概念为出发点，也不以概念为归宿，但是作为人类古往今来都在经常进行的一种活动，艺术必然也有它自己的逻辑或规律。寻求这种规律是美学中比过去更艰巨的工作。过去从英国经验主义派研究"观念联想"的工作，到近代心理学家们研究"移情作用"、"念动的活动"、"内摹仿"、运动中的"筋肉感觉"、"创造性想象"以及儿童语言之类工作，都各以某种片面方式在寻求艺术形象思维的规律。对这些工作我们决不能持虚无主义态度，至少要弄清在现代世界美学方面人们在干些什么。如果坚持从马克思主义出发，来对待美学方面批判继承推陈出新的任务，我们首先应该承认自己的落后，少浪费时间发些空议论，多做些按规划分步骤的、踏实而持之以恒的研究工作，才有望完成美学方面的新时期的历史任务。

注释

①费肖尔的《论象征》载在他的《批评论丛》德文版第四卷，引文见第432页。

②《毛泽东选集》第四卷，第817—818页。

③他用过 Phantasie 这个词，不过指的是被动的复现的幻想活动，参看英国 Butnchae 的亚理斯多德的《诗学》的英译评注第125—127页。不过在近代西文中 Phantasie 也往往用作 Imagination 的同义词。

④阿波罗琉斯是一位新毕达哥拉斯派学者。这部传记的原文和英译文载在英国 Loeb 古典丛书中，参看第二卷第77—81页。

⑤指上文谈到的一些著名的希腊神像雕刻。

⑥据希腊神话雅典娜是智慧女神、工艺女神和女战神，又是雅典城邦的女护神。她母亲怀孕她时她父亲宙斯把她母亲吞吃下去，雅典娜是从宙斯头脑里产生出来的。

⑦皮亚杰关于儿童心理学的著作有多种，其中一种专从儿童语言中研究形象思维。他在英国讲过学，有些著作已译成英文。

⑧参看法文本《马克思恩格斯论文艺》，第369—370页的法译文。

⑨见《马克思恩格斯选集》第二卷，第1—3页。

⑩见《马克思恩格斯选集》第一卷，第16—19页。

⑪见《马克思恩格斯选集》第三卷，第508—520页。

⑫出过中译本，译文艰晦，参看本书选的节译和注释。

⑬参看中文版《资本论》第一卷，第192页，校对过德文本，对译文稍作修改。

⑭1926年巴黎 F. Alcan 书店出版。

⑮1923年巴黎 F. Alcan 书店出版。

⑯参看外国心理学家闵斯特堡（H. Münsterberg）的《心理学》，有英文本，在美国出版。

⑰趁便可指出，费肖尔也是黑格尔的门徒，马克思于1857—1858年仔细读过费肖尔刚出版的《美学》，并且作过大量的笔记摘录，参看《马克思恩格斯论文艺》法文本的序文第65页。

⑱如果查二十世纪二十到三十年代的英国哲学刊物 Mind，可能还查得出。

形象思维在文艺中的作用和思想性

　　研究美学决不能脱离现实，应该经常注意文艺界的现实动态，包括正在热烈讨论的一些文艺上的问题。形象思维便是近几年来引起热烈讨论的一个大问题，我们文艺界和美学界对这样的大问题都不应袖手旁观。

　　这个问题，首先是由郑季翘同志发表在 1966 年 4 月《红旗》上的《在文艺领域里必须坚持马克思主义认识论——对形象思维论的批判》①一文中提出的。当时曾在一些座谈会上进行过讨论。接着就是林彪和"四人帮"对文艺界施行法西斯恐怖专政，这问题就搁下来，没有人敢谈了。到了 1978 年 1 月毛泽东同志《给陈毅同志谈诗的一封信》公开发表了，其中明确地肯定了"诗要用形象思维"；于是《红旗》《诗刊》《文学评论》和其他刊物又就形象思维问题展开了热烈的讨论。这时，郑季翘同志在 1979 年《文艺研究》的创刊号上又发表一篇《必须用马克思主义认识论解释文艺创作》②，针对一些反对意见为自己进行辩护。这种勇于争鸣的精神是可佩服的，值得效法的。我原已在光明日报《哲学》专刊创刊号上发表了一些个人的看法，现在读到"郑文二"，觉得还有步他后尘的必要，再来谈一谈"形象思维在文艺中的作用和思想性"这个问题。

"郑文一"根本判决了形象思维论的反马克思主义认识论的罪状；在毛泽东同志肯定了"诗要用形象思维"之后，"郑文二"已承认了有形象思维这回事，不过对形象思维的解释还是原封未动。"郑文二"一开头就在"还历史的本来面目"的题目下，大做文章，详细考证了写"郑文一"时还没有看到毛泽东同志《给陈毅同志谈诗的一封信》，并且叙述了"四人帮"如何排挤他，使他失掉了中央"文革"小组中的地位等。其实，知道实情的广大人民群众，决不会硬从政治上把反对毛泽东同志和附和江青、陈伯达的大帽子压在郑季翘同志的头上；但是在思想上他确实是"主题先行论"的先行者，对毛泽东同志的《实践论》和《矛盾论》也未见得理解得很准确、很全面。

毛泽东同志在发表《给陈毅同志谈诗的一封信》以前，没有肯定过形象思维吗？郑季翘同志不应忘记《矛盾论》里就矛盾的转化问题谈到《山海经》《淮南子》《西游记》和《聊斋志异》等书里的神话故事中的变化"乃是无数复杂的现实矛盾的互相变化对于人们所引起的一种幼稚的、想象的、主观幻想的变化"，"所以它们并不是现实之科学的反映"。毛泽东同志还引用了马克思关于神话的话来作证：

> 任何神话都是用想象和借助想象以征服自然力、支配自然力，把自然力加以形象化。（重点号引者加）

所谓"想象"正是"形象思维"，毛泽东同志已说明了神话（原始艺术的土壤）乃是对现实的想象的反映而不是对现实的科学的反映。这不是就已说明艺术的反映不同于科学的反映，想象不同于抽象推理吗?《实践论》也把感性认识和理性认识分得很清楚。

毛泽东同志在《在延安文艺座谈会上的讲话》里还说,"学习马克思主义……并不要我们在文学艺术作品中写哲学讲义";"空洞干燥的教条公式……不但破坏创作情绪,而且首先破坏了马克思主义"。这不是明确地斥责文艺作品运用抽象说理、搬弄教条公式吗? 江青的"主题先行论"和"三突出"之类货色还不算公式教条文艺的"样板"理论吗? 可惜的是"郑文一"正是替"主题先行论"提供了理论基础,不管作者是有意的还是无意的。更可惜的是经过许多参加讨论者指出他的错误之后,作者在"郑文二"里没有从原来的立场后退一步,反而把"主题先行论"说得更露骨。

"郑文一"的基本观点是:

> 表象(即事物的直接映象)——概念(思想)——表象(新创造的形象),也就是个别(众多的)——一般——典型。

"郑文二"进一步发挥如下:

> ……作家、艺术家在观察、体验生活的过程中,获得了大量的生活素材(即表象材料),经过分析研究(即进行抽象),取得对社会生活的理性认识,形成一定的主题思想和创作意图,再依据这种思想意图,对头脑中贮存的生活素材进行选择、提炼,运用创造性的想象加以重新组合,从而塑造出能够体现作者思想意图的艺术形象(即新创造的表象),这样创造出来的艺术形象,

由于是以一定的理性认识为指导的，又是选取了富有特征的表象材料组合成的，就是说，它是典型化了的……

"郑文二"还对作者自己和形象思维论者的分歧作了总结：

> ……我认为，作家在实践中获得生活素材的基础上，必须经过科学的抽象，达到理性认识并在这理性认识的指导下，进行创造性想象，再把这种想象的内容描绘出来，造成文学作品；而形象思维论者的……"形象思维过程"，却是排斥以抽象思维为中介，不需要概念参加，从生活中的形象直接"飞跃"到艺术形象。所以这种分歧的实质，就在于是否用马克思主义的认识论来解释文艺创作。

"郑文一"和"郑文二"的要义就在上引三小段话里，话是说得很清楚的。作者就分歧所下的结论也是很清楚的，就是：作者自己是站在马克思主义的一边，而形象思维论者却站在非（或反）马克思主义的一边。作为一个形象思维论者，我不揣冒昧，再进行一些反驳。

首先，要把几个名词的意义说清楚。

思维就是开动脑筋来解决一个问题或构成劳动生产或革命斗争的一种规划或图案。思维既是一种活动，就要产生成果。作为活动，思维本身就是一种实践、一种生产劳动，它所产生的成果便是认识。一切认识都是来自实践，而检验认识的真伪也还要靠实践。认识有两种：感性认识和理性认识，这两种认识的分别，毛泽东同志在《实践论》里已说得很清楚，不容混淆，更不容以理性认识来代替或淹没感性认识。

艺术的思维不同于科学的思维，艺术的思维主要是形象思维，科学的思维主要是抽象思维或逻辑思维。形象思维就是用形象来思维（英文是 think in image，变成名词是 imagination）。过去有人把 think in image（德、法、俄三种文字中这个短语的结构相同）误译为"在形象中的思维"，便不成话。郑文沿用了这种误译，把别林斯基所说的形象思维看作"形象中的思维"，接着就据此指责别林斯基说，"形象中的思维是建立在客观唯心主义基础上的"，接着他又转了一百八十度的大弯说，别林斯基的形象思维"说明了艺术的特征，即思想应当寓于形象之中，则是合理的"。接着他就用了一个"所以"跳到另一个大胆的结论："所以，我觉得毛泽东同志正是在这种意义上（即'在形象中的思维'这种意义上——引者注）用了形象思维这一术语。"可是毛泽东同志明明白白地说"诗要用形象思维"，并没有说"诗要在形象中思维"。

在上引短短的一小段中，郑季翘同志连跳了四大步：一、由形象思维跳到"在形象中的思维"；二、由"在形象中的思维"跳到"思想寓于形象之中"；三、由别林斯基的"客观唯心主义"跳到"思想应当寓于形象之中"这个"艺术的特征"；四、由对别林斯基的一贬一褒跳到毛泽东同志正是在"在形象中的思维"的"意义上用了形象思维这一术语"。这四大步都是只有郑季翘同志才能办到的"飞跃"。起点一步跳错了，以下几步就越跳越离奇，"跳入非非"。这是他的思想方法的特征，是值得仔细研究一下的。大家（包括郑季翘同志本人在内）不妨认真地想一想，这种思想方法是马克思主义的还是主观唯心主义的呢？

还应指出，郑文只承认理性思维才是思维或思想，否认感性认识阶段可以有思想，在这一点上作者忘记了或蔑视了马克思主义的历史发展观点。各民族在原始时期，人在婴儿时期，都不会抽象思维而只会形象思维，抽象思想在各民族中是长期发展的产物，人在婴儿时期也要经过几年的生活经验和学习才能学会。从马克思所高度评价的摩尔根的《古代社会》和维柯的《新科学》到近代瑞士皮亚杰等人的儿童心理学著作，都提供了无数实例。郑文竟蔑视近代心理学常识乃至哲学常识，忘记了从十七世纪到十九世纪，英国经验主义派和大陆上理性主义派正是在感性认识和理性认识孰先孰后的问题上进行过二三百年的斗争，经验主义派的胜利奠定了近代唯物主义的基础。郑季翘同志显然是一位理性主义者。

谈到形象思维，还要澄清几种误解：

一、文艺作品也是一种表象吗？

表象（德文 Vorstellung，英文 presentation）是客观事物在人脑中所产生的直接印象，它是被动接受的，是一切思维的起点，还不是思维本身，所以不能当作形象思维。形象思维在整个过程中要有思维活动。就文艺来说，这种思维活动是一种精神生产活动，首先是一种实践，其次才是认识。郑文往往单从认识出发或是认为认识先于实践，这也并不是马克思主义的看法。作为实践，形象思维生产出文艺作品。文艺作品作为一种意识形态，有助于提高人的认识，对社会发生教育作用，这是文艺作品的另一种实践意义。郑文的"基本观点"的模式是表象——概念——表象。这是对文艺作品的诬蔑。既歪曲了表象，又歪曲了文艺的实质。文艺作品能降低到或倒退到表象的地位吗？

二、形象思维是一种罕见的或只是文艺所特有的思维方式吗？

形象思维不仅在历史发展上先于抽象思维，而且在实际运用上也远比抽象思维更广泛。我们一般人不动脑筋则已，一动脑筋就不免要用形象思维，无论是穿衣、吃饭、旅行、交朋友或是进行生产劳动，一发生问题时一般都首先进行形象思维。例如这几天闷热，我不敢进城。并不是根据"老年人一动不如一静"这样一个抽象原则下逻辑式结论，而是根据自己的衰老的情况。大热天挤电车的艰难，以及进城回来后的困倦之类具体形象。这些都属于形象思维范畴。文艺主要用形象思维，但形象思维并不是文艺所特有的一种思维方式。郑文提到"创造性的想象"。关于这方面近代西方已进行了不少的科学研究。法国心理学家里波（Ribot）的名著《创造性的想象》，便是其中的一种。里波举了许多事例，证明除文学家和艺术家之外，还有政治家、实业家、科学家和商人等也都要用创造的想象。所以形象思维并不是"违反常识"的"胡编乱诌"，如郑文所指责的。

三、只有逻辑思维才用抽象，形象思维就不用吗？

这是郑文的要害所在，他只承认逻辑思维才配叫做"思想"，要进行抽象，他认识不到形象思维也要进行抽象，也配叫做"思想"。什么叫做"抽象"（abstract）？作为动词，这个字原义是从整体中抽出某部分，例如从金矿石中抽出纯金。马克思在《经济学—哲学手稿》里所说的"抽象唯心"和"抽象唯物"中的"抽象"就是取"从整体中抽出部分"这个意义，在心物统一的整体中"抽象唯心"单取心而弃物，"抽象唯物"单取物而弃心。从金矿石中提出纯金的例子来看，可以说"抽象"就是"提炼"，也就是毛泽东同志在《实践论》里所说的"将丰富的感觉材料加以去粗取精、去伪存真、由此及彼、由表及里的改造制作工夫"。毛泽东同志在这里主要是从"造成概念和理论的系统"的科学的逻辑思维着眼，其实他的话也适用于创造文艺的形象思维。文艺的形象思维和科学的逻辑思维基本上是一致的，都要从感觉材料出发，都要经过提炼或"抽象"的工夫，抓住事物的本质和规律，都要从感性认识"飞跃"到高一级认识阶段；所不同者科学的逻辑思维飞跃到抽象的概念或结论，文艺的形象思维则飞跃到生动具体的典型形象。典型形象既然也要见出本质和规律，也就要寓有理性。它是"理在事中"的一个实例。郑文的基本错误在于没有认识到典型形象中的理性，又觉得文艺不可没有理性和思想性（这却是正确的），于是在他的两个"表象"之中硬塞进一个等于"思想"的"概念"（其实"思想"并不等于"概念"），干脆把形象思维抛弃掉。拆穿西洋镜，这就是郑文的奥妙所在。

四、文艺中的"思想"是一种概念性的主题，还是一种世界观的"倾向"呢？

这是文艺理论中一个根本问题，也是一般人（包括郑季翘同志在内）所特别关心和热烈争论的一个问题。我在上文肯定了郑文重视思想性的态度，不过我认为郑文把文艺中的思想等于概念的看法是狭窄的、错误的。

德国大音乐家休曼的一段话时常在对我敲警钟：

> 批评家们老是想知道音乐家无法用语言文字表现出来的东西。他们对所谈的东西往往十分没有懂得一分。上帝呀！将来会有那么一天，人们不再追问我们在神圣的乐曲背后隐寓什么意义么？先把第五音程辨认清楚罢，别再来干扰我们的安宁！

休曼在警告我们不要在音乐里探索什么隐寓的意义或思想，因为一般思想要用语言文字来表达，而音乐本身是不用语言文字的，它只是音调节奏的起伏变化的纯形式性的艺术。不过音调节奏的变化是与情感的变化密切联系的，所以音乐毕竟有所表现，所表现的是情感之类内心生活，不是某种概念性的思想。托尔斯泰就认为一般文艺的作用都在传染情感。

不但音乐是如此，就连作为"语言艺术"的文学一般也不表达概念性的思想。比如说，莎士比亚是公认的近代最伟大的剧作家，你能从他的哪部作品里探索出一些概念性的思想呢？确实有不少的批评家进行过这种探索，所得到的结论也不过是他代表了文艺复兴时代的精神或是他在政治上要求英国有一个强有力的能巩固新兴资产阶级地位的君主。难道就是这种总的倾向而不是他的具体作品使读者受到感动和教育么？你读过他的作品后使你印象最深的是这些总的倾向还是一些具体的戏剧情节和典型人物的形象呢？

我从此又联想到托尔斯泰。他的一些小说杰作感动过无数人，也感动过我。他的作品确实宣扬过人对基督的爱和人与人的爱，个人道德修养和反对暴力抵抗。这些都是不很正确的思想，为什么列宁说他是"俄国革命的镜子"呢？不是因为他宣扬了这些不很正确的思想，而是因为他忠实地描绘了当时俄国"农民资产阶级革命"中农民的矛盾态度和情绪。列宁只把他叫做俄国革命的一面镜子，而没有把他称为革命的号角或传声筒，而且批判了他在思想上的矛盾。托尔斯泰在文艺上的胜利可以说也就是巴尔扎克的那种胜利，即"现实主义的伟大胜利"。一个作家只要把一个时代的真实面貌忠实地生动地描绘出来，使人们认识到它有改革和推进的必要，他就作出了伟大的贡献，不管他个人在思想上有无矛盾或根本没有表现什么概念性的思想。

没有概念性的思想不等于没有思想性。文艺的思想性主要表现在马克思主义创始人所屡次提到的"倾向"（德文 Tendenz 有"发展倾向"或"趋势"的意思）。倾向不必作为明确的概念性的思想表达出来而应该具体地形象地隐寓于人物性格和情节发展之中。恩格斯在给玛·哈克奈斯的信里说，他并不责备她没有"鼓吹作者的社会观点和政治观点"，并且说：

> 作者的见解愈隐蔽，对艺术作品就愈好，我所指的现实主义甚至可以违背作者的见解而表现出来。

恩格斯在给敏·考茨基的信里又说：

> 我认为倾向应当由场面和情节本身自然而然地吐露出来，而不应当有意地把它明白指点出来。

用一个粗浅的比喻来说，如人饮水，但尝到盐味，见不着盐粒，盐完全溶解在水里。

不但表现在文艺作品里如此，世界观的总倾向在一个文艺作家身上也是如此，它不是几句抽象的口号教条所能表现的，要看他的具体的一言一行。他的倾向是他的毕生生活经验和文化教养所形成的。它总是理智和情感交融的统一体，形成他的人格的核心。也就是在这个意义上，文艺的"风格就是人格"。例如，就人格来说，"忠君爱国"这一抽象概念可以应用到屈原、杜甫、岳飞和无数其他英雄人物身上，但是显不出屈原、杜甫这两位大诗人各自的具体情况和彼此之间的差异，也就不能作为评价他们各自的文艺作品的可靠依据。在西方，"人道主义"这一抽象概念也是如此，文艺复兴时代、法国革命时代、帝国主义时代，乃至马克思主义创造人，都宣扬过人道主义，但是具体的内容各不相同。这就是为什么我们在文艺领域里反对公式教条化，反对用概念性思想来吞并形象思维。

我们和郑季翘同志的基本分歧可以概括如下。

一、在认识论上，郑季翘同志认为既是思维就必然是概念性的，必然是逻辑推理的结果，包括艺术的典型。我们则既根据心理学常识，根据马克思主义常识，认为思维不是只有科学的逻辑思维一种，此外还有文艺所用的形象思维。这两种思维都从感觉材料出发，都要经过抽象和提炼，都要飞跃到较高的理性阶段，所不同者逻辑思维的抽象要抛弃个别特殊事例而求抽象的共性，形象思维的抽象则要从杂乱的形象中提炼出见出本质的典型形象，这也就是和科学结论不同的另一种理性认识。郑季翘同志在文艺创作过程中的第一个表象（即感觉材料）和他所谓新的表象（即文艺作品）之中凭空插进一个概念（等于思想）的阶段，我们则认为这不但不必要，而且有害，因为它使文艺流于公式概念化，其实也就是主题先行论。

二、在思想性的问题上，郑季翘同志既把思想看作等于概念，就势必要把文艺的思想性看作明确表达出某种概念性的思想；我们却认为文艺的思想性即马克思主义创始人所提到的"倾向"，倾向并不是抽象概念的明确表达而是隐寓在具体人物性格和具体情节的发展中。就文艺作者本人来说，他总有一种世界观，世界观也必然现出一种倾向，这就是他的人格的核心，其中就不但含有理，也必然要含有情，或则说，必然是情理交融的统一体。所以古今中外都强调情感在文艺中的作用。

拙见如此，其中难免有很多自己看不到的欠缺和错误，恳切希望读者们（包括郑季翘同志在内）继续共同商讨，把形象思维问题弄个水落石出。

注释

①以下简称"郑文一"。

②以下简称"郑文二"。

文艺复兴至十九世纪西方资产阶级文学家艺术家有关人道主义、人性论的言论概述

　　人道主义思想是与资产阶级的历史发展相终始的。在资产阶级历史发展的不同阶段中，人道主义思想一方面见出历史的持续性，另一方面也随阶级力量对比和政治斗争需要的改变而获得不同的具体内容，起不同的作用。为着叙述的方便，我们把所要涉及的时期分为三个阶段：（一）资产阶级新兴阶段，即文艺复兴阶段，约从十四世纪到十六世纪，这是自然科学兴起的时期，是造形艺术在意大利达到高峰，戏剧文学在英国达到高峰的时期；（二）资产阶级革命阶段，从十七世纪到十八世纪，这在哲学上是理性主义与经验主义交锋和启蒙运动的时期，在文艺上是新古典主义运动及其反响的时期；（三）资产阶级由向外扩张转入垄断资本主义的阶段即十九世纪，这在哲学上是德国唯心主义和法国实证主义流行的时期，在文艺上是浪漫主义运动和现实主义运动相继出现的时期。

　　在三个阶段中，人道主义思想渗透到各个文化领域的各个角落里。它比较集中地表现在哲学著作里。至于在文艺领域里，它主要地表现在具体作品的具体形象里，可能还比在哲学领域里所

表现的还更能显出它与实际生活的联系，但是它有如盐溶解在水里，饮水方知盐味，很难在盐水里搜求盐粒。例如从莎士比亚的戏剧里或是从雨果的诗集和小说集里摘录一些有关人道主义的片断，显然是要从一斑来窥全豹，带有很大的片面性。因此，我们把论到的重点摆在文艺家的理论著作上。这样做，就难免有时要跨到哲学界里，例如蒙田、培根、帕斯卡尔、狄德罗、赫尔德等人历来就是既出现在哲学史也出现在文学史里的。此外，文艺理论更不可避免地要涉及美学范围。

在这里，我们想说明一下人道主义在不同阶段里的具体内容以及历史发展线索，同时对某些代表人物或代表思想顺带地作一些简略的介绍。

一、文艺复兴，十四—十六世纪

为什么近代资产阶级一登上历史舞台，就进行一场轰轰烈烈的文艺复兴运动，而这个运动在意识形态方面又以人道主义为其主要内容呢？

原来在文艺复兴以前，从公元四世纪起，在约莫一千多年中，即在封建制度的发展过程中，统治欧洲的是基督教文化，这是一种外来的文化，在希腊罗马古典文化长期扎根很深的区域传播开来的：它一开始就以古典文化（被称为"邪教"文化）的敌对者出现，而对古典文化进行顽强的斗争和无情的摧残，企图把它连根拔掉。这两种文化的对立是很尖锐的。古典文化的理想在大体上说来是人本主义（"人是一切事物的权衡"）和现世主义（"最高的善"是现世的幸福生活）。它重视科学和哲学的探讨以及对美好事物的创造和享受，它要求人在身心各方面的平均发展。它也信神，但是它的神是按照人的模样创造出来而且体现人的理想和愿望的。基督教文化则与此相反，它的基本内容是神权中心和来世天国。人类据说自从亚当和夏娃偷食禁果以来，就犯了"原始罪孽"而失去了天国，人的现世生活永远是一种赎罪的过程，要想再回到天国，就得禁欲苦行，因为罪孽的根源就在肉体的要求或情欲，人世间一切感官方面的享受都是有罪的。这就是基督教的禁欲主义。在禁欲的名义之下，对科学和哲学的追求也被认为对修行是有害的。宣传这种教义的罗马教会在整个封建社会时期或是攫取了世俗政权，或是与世俗政权狼狈为奸，在西方进行腐朽而残暴的统治，使人民长期处在被剥削和镇压的地位，处在穷困和愚昧的落后状态。

这种局面到了十三世纪左右开始在转变。这是由封建社会过渡到资本主义社会的重大的历史转变。关于这个转变，马克思和恩格斯在《共产党宣言》里以及恩格斯在《自然辩证法》的导言里都已作过扼要的总结。文艺复兴所标志的就是这种经济基础以及其相应的意识形态方面的转变。由于掌握了地中海的航业和工商业中心，资产阶级首先在意大利登上了舞台，所以文艺复兴运动也首先由意大利开始；而意大利也正是中世纪封建堡垒罗马教廷所在，新兴资产阶级要扩张它的势力，就得扫除横在它面前的封建统治和基督教会的障碍，所以文艺复兴运动的主要矛头是指向封建制度和基督教会的。人道主义的提出也首先是针对基督教会和封建统治所宣扬的神权主义和禁欲主义的。

凡事都有一个历史发展过程，资产阶级在它的新兴阶段，力量还是很薄弱的，传统习惯势力还很强，他们还不敢明目张胆地提出人道来对抗神道，人道主义在最初阶段还只取"人文主义"或古典学术研究的形式。在中世纪，唯一类型的学校是训练僧侣的学校，僧侣垄断了文化教育；唯一类型的学科是神学，神学吞并了一切哲学和科学。到了十二、十三世纪，由于资产阶级已渐露萌芽和实际生活的需要，世俗性的学校开始出现，神学仍然是主要科目，但于"神学学科"（studia divina）之外，添设了"人文学科"（studia humana）。人文学科的内容就是希腊罗马古典各科学术（包括文学、哲学、历史，乃至于科学技术），因为在这些科目方面，他们只有希腊罗马的遗产可利用。人文主义和人道主义这个名词（humanism）就是这样起来的，它原来所指的只是人文学科，实即古典学术的研究。

"人文主义"在表面上只标志一种学科，在实际上就已含有反封建反教会的意义。首先，人文学科打破了神学学科的垄断，在学术领域里，在神之外，人也占领了一分地位。这并不是一件小事。其次，人文学科所代表的古典学术文化，如上文所述，是和基督教文化处于尖锐对立地位的，现在居然能和基督教文化平分秋色，这也就说明了基督教文化势力的下降和古典文化及其所代表的人本主义和人文主义势力的回升。原先基督教为着夺取统治地位，曾经竭力消灭古典文化；现在新兴资产阶级为着反对基督教会和它所支援的封建制度，又乞援于基督教先前所赶走的敌人，这也是顺理成章的事。人道主义既然取得了和神道主义并立的地位，那么谁战胜谁的问题就出来了。按照矛盾发展的规律，新的进步的力量总是逐渐由矛盾的次要方面转化为矛盾的主要方面，以至终于达到胜利的解决。

但是，这个过程总是长久而曲折。人文主义者反封建反教会的斗争在起始阶段还是打着宗教旗帜来进行的，因此他们的思想经常充满着矛盾。文艺复兴的最大的先驱是但丁。他在《神曲》里把许多基督教的教皇和大主教都打下地狱，让他所笃爱的罗马"邪教"诗人维吉尔做向导，引他游地狱和净界，让他幼年所钟情的贝雅特里齐做向导，引他游天堂，很鲜明地表现出他对基督教会的仇恨，对古典文化的爱好，对禁欲主义的否定以及对现世幸福生活的肯定。但是他的理想国毕竟是天堂，他的最高的人生理想毕竟是对天国光辉的观照，而《神曲》的大部分思想基础毕竟还是圣托马斯的神学体系。同样的矛盾也出现在意大利第二个大诗人彼特拉克身上。他是近代爱情诗的始祖，古典学术研究的先驱，而且是一位积极的政治活动家。他对劳拉的热爱，和但丁对于贝雅特里齐的热爱一样，在西方至今传为佳话，他也和但丁一样，要在学术和事功上博得不朽的荣誉。他自道心事说，"我不想变成上帝……属于人的那种光荣对我就够了。这是我所祈求的一切，我自己是凡人，我只要求凡人的幸福"。从这里我们听到了"第一个近代人"（法国史学家洛南 Renan 对彼特拉克的评语）的声音，也可以体会到人文主义者心目中的人道主义，其中有强烈的反禁欲主义的色彩。但是在中世纪基督教影响之下，彼特拉克也有时为自己追求"凡人的幸福"（爱情与荣誉）而感到不安。他的《秘密》一篇对话对了解这个时期的人道主义是很有启发性的。在他自己和圣奥古斯丁反复辩论中，我们既可以看出中世纪和文艺复兴两个不同时代在人生理想方面的尖锐对立，也可以看出彼特拉克的内心矛盾。他仿佛感觉到圣奥古斯丁比自己还更有理。

哲学史家们（例如文德尔邦）往往把文艺复兴分为人文主义和自然科学两个阶段，在人文主义阶段，近代资产阶级重新发现到久已失去的古希腊罗马世界，这对于他们还是一个新世界，在一定程度上起了精神解放的作用。但是远较重要的是十五、十六世纪随着工商业发展而来的自然科学的巨大发展。哥伦布发现了一个新大陆，哥白尼发现了一个新天体，接着科学和技术各个领域都开始突飞猛进，这些成就不但替新兴资产阶级带来了巨大的物质财富，也大大地扩充了他们的精神视野。他们开始认识到自然界的丰富宝藏和无限潜能，也开始认识到人自己的巨大威力和无限光明的前途。因为他们亲眼看到在一千多年酣梦之后，一觉醒过来，人就造成了那么多的奇迹。这就激发了他们向四方八面去探险的雄心壮志，但丁、彼特拉克和达·芬奇所醉心的"荣誉"就表现出当时人对自己的尊严感。"巨人时代"就是在这种物质条件和精神气氛中形成的。无论在物质方面还是在精神方面，文艺复兴时代的人都是一种"暴发户"，暴发户从来是满怀信心、勇于进取的。人发现没有什么东西能束缚自己，人就要求全面发展自己，"完全人"的理想就是这样形成的。

由于自然科学的进展，人发现自己要打交道的是自然而不是神。在达·芬奇的著作里，"自然"和"神"往往成为同义词，"自然"往往代替了"神"，他用人是"第二自然"一句含义深刻的话来表达人和自然的关系，自然是造物主，人也是造物主，人创造事物，要学习自然那样创造事物，这也就是说，要掌握自然的规律。培根把这个思想表达得更明白："人对事物的统治只有建立在技艺和科学的基础上，因为要控制自然，只有通过服从自然。"就是在这个意义上，培根又说："知识就是力量。"由于他们认识到要控制自然就要认识自然，所以他们特别看重知识。趁便地说，知识分子在社会中成为一个重要的阶层，这也是从文艺复兴时代开始的。知识的无限潜能在当时是一个重要的新发现。根据这个新发现去瞭望未来，他们在幻想中建立了许多光景美好的乌托邦，比较显著的例是达·芬奇的《预言》、摩尔的《乌托邦》、培根的《新大西洋岛》以及康帕内拉的《太阳城》，这些乌托邦代表进步的资产阶级对于未来社会的理想，或则毋宁说空想。但是它们的出发点都是人类将逐渐进步，而进步的途径是人凭科学知识和理性去自觉地征服自然这个大原则，这就为近代西方工业文化发展创造了有利条件。

文艺复兴时代的人一般说来都是些顽强的乐观主义者，但是资产阶级从呱呱坠地之日起，就已开始暴露出它的先天的病象，而这病象也反映在这时期哲学和文艺著作中。像《共产党宣言》所指出的，资产阶级"使人与人之间除了赤条条的利害关系之外，除了冷酷无情的现金交易之外，再也找不到什么别的联系了"。这种情况莎士比亚在《雅典的泰门》剧里已清楚地反映了出来①。金钱成了上帝，它可以把社会中一切都弄得颠倒错乱，不近情理。金钱统治了人，人在金钱面前显得是受摆弄的玩具，这种情况在一般不轻易流露主观情感的莎士比亚的心上也投下了一层悲观厌世的阴影。这表现在他的第六十六首商籁里，他历数人间不平事，感到厌倦竟祈求"安静的死"。这也表现在《哈姆雷特》对人的礼赞里，在以高度热情赞扬人是"宇宙精华！万物的灵长！"之后，陡然宣布这种从"泥土提炼出来的玩艺儿""不能使他欢喜"②。同样的情况也反映在大画家米开朗琪罗身上。人的形象不能比出现在西斯丁教堂壁画上的还更雄伟庄严，但是他们的神色毕竟像隐藏一种难以名状的苦痛，而米开朗琪罗的诗歌和信札所揭露的也是一颗寂寞的不宁静的心。对人的尊严的认识并不能使这时期的人觉得做人完全是幸福，这就足以见文艺复兴时代社会的深刻矛盾。

对爱情的歌颂，对现世幸福生活的肯定以及对科学与理性的赞扬，在文艺复兴早期原带有反对基督教会的禁欲主义和愚民政策的进步性质，但是到了晚期，情况就略有改变。这种改变可以拿蒙田为例来说明。社会现实证明了科学与理性并不是万能，这就使蒙田反躬自问："我究竟知道什么？"人的见解是那样分歧，绝对的真理仿佛是难以捉摸的，于是他就走到怀疑论。人仿佛只有提问题而没有下结论的能力。所以根本性的问题就无庸深究，可以不了了之。但是蒙田并没有因此走到悲观主义，他逃避到个人享乐主义里去了，他宣布，"我爱生活"，"我心甘意愿地怀着感激的心情接受自然替我做出来的东西"，"知道怎样忠诚地享受生活，这就是绝对的也是神圣的完美"。我们几乎可以说，蒙田已在培育个人主义和实用主义的萌芽了。趁此我们也可以回顾这个时期的另一部文学杰作：塞万提斯的《堂吉诃德》。这主要是一部讽刺封建时代骑士风的作品，同时也突出地描绘了两种典型人物，一个是满脑子虚幻理想、持长矛来和风车搏斗以显出骑士威风的堂吉诃德本人，另一个是要从美酒佳肴和高官厚禄中享受人生滋味的桑丘·潘沙，堂吉诃德的随从。他们一个是可笑的理想主义者，一个是可笑的实用主义者，但是堂吉诃德属于过去，桑丘·潘沙却属于未来，随着资产阶级势力的日渐上升，理想的人就不是堂吉诃德而是桑丘·潘沙了。

总之，在文艺复兴阶段，人道主义是作为反封建反教会的武器而提出的，针对着基督教的神道，新兴资产阶级提出了人道；针对着基督教的禁欲主义，它肯定了现世幸福生活，特别歌颂爱情和荣誉。随着工商业的发展和自然科学的兴起，人们认识到人就是"第二自然"或"第二造物主"，"知识就是力量"。这样就提高了人的尊严感以及人能凭科学知识去控制自然的信心。这一点是当时人道主义最积极的贡献。但是资本主义一开始就显出金钱的邪恶势力以及剥削制度所必然带来的一切不合理的社会现象，这在文艺复兴后期就在乐观主义的基调上添上一点悲观怀疑的低音，而对现世幸福生活的肯定也开始流为个人享乐主义。后来的一些政治革命的口号还没有明确地提出来，但是随着近代国家的成立以及宗教改革中新教国家对教廷的反抗，爱国主义和民族主义的思想也开始出现了。

二、资产阶级革命阶段，十七—十八世纪

文艺复兴时代对研究自然和征服自然所表现的信心和热情到十七世纪才开始收到真正的效果，恩格斯在《自然辩证法》的导言里所列举的牛顿、笛卡儿、开普勒、莱布尼兹诸人在自然科学方面的成就都是在十七世纪完成的。十七、十八世纪欧洲在文化方面占领导地位的是法国，而在经济方面占领导地位的却是英国。英国自从击溃了西班牙的"无畏舰队"以后，就掌握了海上霸权，攫取了新大陆和东印度的大部分市场，因而扩大了资本积累。这两个因素——殖民和贸易的扩张以及自然科学的进展——推进了英国工业的发展，机器生产代替了手工场的生产，到了十八世纪末期这种产业革命在英国就已基本完成。那是个"自由竞争"、强者生存的时代，欧洲其他各国为着生存，就不得不随着英国急起直追。因此，十七、十八世纪在西方是生产力与生产方式开始起激烈变革的时代。

生产力的扩大与生产方式的变革就日益显出生产关系的不适应，须作出相应的调整。资产阶级在经济上的力量日渐雄厚了，就有可能与必要向封建领主夺取政权。因此在这两百年之中，发生了一系列的资产阶级革命。首先是 1649 年英国克伦威尔所领导的清教徒的革命，英国资产阶级革命几经挫折，以 1688 年的所谓"光荣革命"的妥协局面而告终。其次是 1789—1794 年法

国资产阶级革命，这是一次最大的资产阶级革命，振动了全体欧洲人心，冲击到欧洲的整个政局，尽管它最终仍归于失败。第三是比法国革命略早的1761—1782年美国独立战争，结果美国摆脱了英国殖民地的地位，成为一个独立的民主政体的国家。这些资产阶级革命都是一个剥削阶级的统治代替另一个剥削阶级的统治，所以都不可能是彻底的。它们照例都以建立"全民政府"为名，实行剥削阶级对被剥削阶级的专政，获利当权的是少数人组成的统治集团，绝大多数劳动人民还是处于受压迫的无权的在饥饿线上挣扎的地位。

在哲学方面十七、十八世纪是近代唯物主义思想蓬勃发展的时期，其主要的推动力来自自然科学。但是这种发展也不是一帆风顺的，而且在很大程度上还带有中世纪基督教神学的残余，因而是充满着矛盾的。文艺复兴时代自然科学的研究找到了两套法宝，一是理性，一是经验，在当时这两套法宝在运用上还是统一的，这从达·芬奇的一句名言里可以看出：

> 经验，这位在丰富的自然和人类之间的翻译者，教导我们说：这个自然在受制于必然的凡人中间所造成的东西上面，只能按照它的舵手理性所教给它的方法去进行工作。

到了十七世纪，这两套法宝便拆成两橛，成为彼此对立的东西，因而形成当时哲学界的两大派别，大陆法德两国的理性主义和英国的经验主义。理性派相信人生来就有先天的理性观念，他要认识世界，首先就要靠这些理性观念。经验派否认人有所谓先天观念，认为一切理性认识都不过是感性经验的总结，感性经验是人的一切认识因而也是一切实践的基础。从此可见，理性主义从中世纪先验派哲学继承过来的东西较多，基本上是唯心主义的；经验主义得力于自然科学的较多，基本上是唯物主义的。到了十八世纪，在英国经验主义的影响之下，法国启蒙运动中的"哲学家们"逐渐发展出人是机器而思想是人脑的物质运动的一整套机械唯物主义的思想。值得在这里特别一提的是，这两派哲学家们都开始把人作为一个主要对象来研究，单看一些哲学名著的名称就可以看出这一点：笛卡儿的《论情欲》，霍布斯的《论人性》，洛克的《论人的知解力》，休谟的《论人性》和《论人的知解力》，莱布尼兹的《人的知解力新论》，拉美特利的《人是机器》，爱尔维修的《论人心》和《论人》等，这还只是一小部分，此外还有许多虽没有标出人而实在是论人的著作，例如孟德斯鸠的《法的精神》，卢梭的《民约论》，维柯的《新科学》等。这时期的哲学家们几乎毫无例外地都还是普遍人性论的信徒，而他们对于人性的研究大半都还是从自然科学特别是生物学和生理学的观点出发，更着重的是人的动物性方面。

在文艺方面，十七、十八世纪先后有两个主要潮流：一个是法国高乃依、拉辛、莫里哀和布瓦洛等人所领导的新古典主义运动，一个是启蒙运动者狄德罗和莱辛等人所领导的对于新古典主义的反抗，其结果为浪漫运动作了准备。这两个潮流都是与当时政治和一般文化思想密切相结合的。新古典主义在十七世纪法国反映出大资产阶级与封建贵族的联盟以及路易十四政府的中央集权。它企图复活希腊罗马戏剧的庄严形式和谨严技巧，来描绘宫廷的堂皇富丽的排场与伟大人物的伟大事迹，以便投合当时宫廷所特有的一种矫揉造作的趣味。它的思想基础是笛卡儿的理性主义，要求文艺只反映人性中普遍永恒的东西，并且企图把古典作家的经验定为后人必须遵行的法则。它是一种宫廷文艺，虽然也表现出一些资产阶级的人生理想，主要还是封建性的。启蒙运动者代表上升的资产阶级，要求文艺更多地表现资产阶级人物理想，更好地为资产阶级服务，所以对新古典主义进行严厉的批判，要求文艺在题材方面较结合中产阶级的现实生活，在形式方面较自然而且较自由，在语言方面较接近人民大众。他们也还崇奉理性，但是更强调情感和想象。他们所要追随的是英国市民戏剧和感伤主义的诗歌和小说。原来英国资产阶级在这些方面较先进，英国十七世纪的最大诗人是弥尔顿，处在英国资产阶级革命时期，弥尔顿与上述第一个潮流大致同时，但是在倾向上却更近于第二个潮流。他运用古典文学的形式，处理基督教的题材，来反映英国资产阶级革命的理想，所以在德国启蒙运动初期，他成为革新派的一面旗帜。总起来看，十七、十八世纪欧洲文艺处在资产阶级与封建残余势力争取地盘的局面，启蒙运动在文艺领域和在哲学领域一样，也还是为资产阶级革命作了思想准备。

既已粗略地介绍了十七、十八世纪欧洲政治经济、哲学和文艺的一般情况，现在就可以分析一下这个时期人道主义思想的基本内容，即启蒙哲学家们所强调的"理性"以及法国革命中颁布的《人权宣言》里所要求的"人权"、"自由"和"平等"。

"理性"是一个较早的概念，从文艺复兴以来，它一直就是资产阶级用来反封建反教会的一种思想武器，不过作为一个明确的口号而被提出，是在十七、十八世纪。"理性"据说是普遍人性中的一个基本因素，所以要说明"理性"，先须说明一下这个时期的普遍人性论。依普遍人性论，人作为人，不管时代、地区、民族和阶级的区别，都有一种普遍永恒的本性。这种本性在西文中叫做"自然"（nature），"自然"这一词在西文中比在汉语中涵义较广，它包括外在的自然和人的自然本性两方面。自然是被看作和社会文化对立的，一切由社会文化影响在人身上形成的性质都不属自然本性范围，它们是随时随地改变的，而自然本性却是固定不变的。在文艺方面，古典主义者和新古典主义者都特别强调人的普遍性，他们的"艺术摹仿自然"的口号往往是作为"艺术摹仿人性"来理解的，艺术作品描绘出普遍的人性，才算创造出典型性格，这种基本思想在我们所选的布瓦洛、约翰逊和雷诺兹等人的言论中都可以看出。在哲学方面，面对着资产阶级夺取政权的迫切问题，英国经验主义者和法国启蒙运动者都特别关心国家和政府的起源问题，从霍布斯和洛克到卢梭都认为政府起于人民之间的协议或契约，既经协议而成立政府，人就脱离了"自然状态"。这究竟是好是坏呢？这就涉及"自然状态"的好坏问题，也就涉及人性善恶问题。霍布斯认为自然状态是人吃人的状态，人生来是自私的，为着保证大家的安全，自然人才成立契约，听命于一个君主，因此就放弃了个人自由。这是君主专制的辩护。卢梭则持相反的意见，认为"自然状态"是人的黄金时代，人性本是善的，人之变坏，是由于文化的腐蚀，政府是人民为着应付实际需要经过立契约而成立的，它的权力来自人民，等到它不称职时，人民就可以把委托给它的权力收回。这是民主革命的辩护。卢梭因厌恶近代文化而号召"回到自然"。这个口号有回到人的原始状态的意义，也有回到自然人的纯朴本性的意义。

从此可见，当时思想家们的政治观点是和他们对于人性的看法分不开的。人性究竟是什么呢？经验主义派从自然科学，特别是生物学的观点来研究人，认为人性的基本因素是感性因素（包括感觉和"情欲"），在霍布斯和博克的心目中，最基本的人性最后归结到动物性，或本能的生理要求，例如自我保存和种族保存之类要求。这是一切脱离社会历史发展观点而抽象地看人性的人们都必然要达到的结论。不过这个时期占主导地位的思想，至少在人性这个问题上还是理性主义，所以十八世纪在欧洲有"理性时代"的称号。对理性的崇拜本来有反封建反教会的一面，但也有基督教神学残余的一面。原来中世纪神学家和经院派哲学家们就早已强调理性，在他们看，理性并不是根据感官经验和实践活动培养起来的，而是上帝授予人类的一种先天先验的功能。上帝是理性的源泉，在创造人时就以自己的特性中一部分分配给人。十八世纪哲学家们从中世纪经验派的思想武库里拾得"理性"这个法宝，虽然不再是用来证明人对神的依存，而是用来证明自己的认识和行为的正确性，但是对理性的先天先验性质的理解却根本没有改变，既然是"天赋的"、先天先验的，理性就成为脱离人的认识和实践的一种抽象的独立的存在，它至多只能是人的一种主观认识能力，人的主观认识能力并不是万无一失而是错误百出的。单凭这种叫做"理性"的主观认识能力来调整和改变社会关系，结果总不免是错误或欺骗，恩格斯在谈到启蒙运动者所宣扬的理性时，曾作了一针见血的批判："人的头脑以及头脑通过思维所发现的原则，要成为一切人的行动与社会关系的基础，然而在更广的意义上说，与这些原则相矛盾的现实，事实上是被从头到底颠倒了"；他们的"理性的王国不是别的，正是资产阶级理想化的王国"③，而在这种"理性王国"里"还存在着剥削者和被剥削者、富裕的寄生者和劳动的贫穷者之间的对立"，这就很难说是符合理性的了。

从此可见，十七、十八世纪人们对于人性的看法以及对于理性的宣扬是和他们那个阶级的政治观点分不开的。这也表现在他们对于"人权"的理解上，人权是对神权而言的，神权说是封建制度的理论基础，据说专制君主的权力是由上帝通过教皇授予的而不是人民授予的，所以是神圣不可侵犯的。马丁·路德虽然进行了宗教改革，却再度批准了这种神权说，作为近代资产阶级国王的护身符。资产阶级的民主派要求由更多的人分享政权，于是提出人权说来对抗神权说，这比文艺复兴时代人文主义者提出人道主义来对抗神道主义，还具有更重要的革命意义，因为反封建反教会的斗争已由一般思想阵线转到政治方面了。究竟什么是人权呢？从法国革命中两次《人权宣言》都可以看出，"这些权利就是平等、自由、安全与财产"（1893 年《人权宣言》第二条）。人权究竟是从何而来的？两次宣言都说人权是人"按其本性"生而就有的"自然的权利"，所以它毕竟和神权一样是"天赋"的或上帝授予的。两次《人权宣言》都一开始"就在主宰（即上帝）面前"发誓，这就足以说明人权说的宗教联系。1776 年的美国《独立宣言》说得更清楚："人人生而平等，他们都从他们的造物主那边被赋予了某些不可转让的权利，其中包括生命权、自由权和追求幸福的权利。"

"平等"这个概念是欧洲原来没有的，完全是从基督教那里借来的，不过"人在上帝面前平等"改为"人在法律面前平等"。"自由"的概念来源则比较复杂，作为一个政治概念，"自由"是从奴隶社会就已有之，凡是不处在奴隶地位的叫做"自由民"，十八世纪也有些思想家不顾古代社会中奴隶处于绝对大多数的事实，而对少数奴隶主和自由民所享受的自由深为向往，例如休谟在《艺术与科学的兴起和进展》一文里以及温克尔曼在《古代造形艺术史》里都把雅典学术与艺术的繁荣归功于雅典政治的自由，足见他们所理解的政治自由是仅限于少数人的剥削的自由。

等到中世纪基督教发展出一套神学以后，"自由"又具有一种宗教的意义，那就是意志的自由。在十七世纪的法国，意志自由成为扬生教派和耶稣学会教派大争辩中的主要问题，前一派主张人在行动上趋善避恶是由"神恩"的指导，而后一派则以为人凭自由意志来决定自己的行动。这场争论并不限于神学领域，在哲学领域也进行得很热烈。在资产阶级工商业发达以后，"自由"又获得一种经济的意义，那就是自由贸易和自由竞争。资产阶级革命中所标榜的自由是有这三种性质的，例如在弥尔顿的心目中，宗教意义的自由（即他所谓"理性的自由"）与政治意义的自由是紧密联系在一起的，理性的自由或意志的自由才能保证政治的自由。从经济是基础的观点来看，上述三个意义之中主要的还是经济的意义，自由这一概念所反映的主要还是自由竞争（包括自由剥削）的资产阶级的社会关系。1891 年的《人权宣言》第一条说："在权利方面，人们生来是自由平等的。只有在公共利用上面才显出社会上的差别。"后一句话替贫富的悬殊和阶级的差别作了辩护，无异于否定了前一句。也就等于说人在原则上是自由平等的，在实施上自由平等的享受可以有差别。这个宣言的第十七条明白规定："财产是不可侵犯的权利"，这就说明了当时资产阶级要保障人权，主要还是要保障私有制，私有制的存在就不可能导致全人民的真正的自由和平等。当时在进行革命的资产阶级为着要争取全体人民的支援，不得不提出"平等""自由"这些响亮的口号来，实际上是假借全民的名义，来追求一个阶级的统治权，以一种剥削制度来代替另一种剥削制度，这中间带有欺骗性，这是一方面；另一方面也要承认：人权、自由、平等和理性这些口号毕竟起了促进资产阶级革命的作用，所以十七、十八世纪资产阶级革命时代的人道主义所特有的这些内容毕竟推动了历史前进。

三、十九世纪：资产阶级势力向外扩张
转入垄断资本主义的阶段

十九世纪西方历史发展，无论在政治经济方面，还是在哲学和一般文化思想以及文艺方面，都是极其错综复杂的。这种情况反映出资产阶级在巩固和扩张势力的时期，就已开始在分化和瓦解了。

十七、十八世纪英法资产阶级革命都是不彻底的，所以都不完全是成功的。十九世纪初期欧洲政局的骚乱主要起于对法国革命的反响，拿破仑执政以后，一方面加强了资产阶级的统治，在东征西讨中推翻了欧洲其他国家的现存秩序，传播了民主革命的理想，另一方面则在国内导致帝制复辟，在国际招致以英国为首的反动集团对法国的围剿以及稍后以奥国为首的神圣同盟对各国民主革命的镇压。1848 年欧洲各国革命及失败标志着民主力量的进展，但同时也标志着它的不成熟。封建残余势力在这个时期里始终没有得到肃清，还勾结大资产阶级而苟延残喘，同时，作为工业革命与垄断资本主义所形成的直接后果，农村破产，人口日渐集中到城市，财产日渐集中到少数财阀手里，工人和农民的生活日益穷困。这就造成了要求进一步革命的形势，无产阶级与资产阶级的矛盾日渐成为主要矛盾了，这表现在农民运动和工人运动的蓬勃发展，特别是四十年代的英国宪章运动，五十年代前后的俄国农民解放运动以及 1871 年的巴黎公社革命。总之，这个时期的阶级关系是复杂的，阶级矛盾是日益尖锐的，资产阶级统治集团为着挽救危机，有时施行残酷的镇压，有时被迫采取一些

点点滴滴的改良措施。这些情况在当时文艺作品里获得了生动的反映。

十九世纪的文艺流派是复杂的，但主要的只有两个：浪漫主义派和现实主义派。浪漫派运动在十八世纪后期英德两国就已开始，它的活跃时期是在法国大革命前后，它是法国大革命所表现的那种时代精神的反映，积极浪漫主义反映上升资产阶级对个性解放的进一步要求以及民族独立自由与繁荣的愿望；消极浪漫主义则反映社会矛盾进一步的尖锐化以及资产阶级上层对革命的畏惧与厌恶。从文艺流派本身的演变来看，浪漫运动是作为对法国新古典主义的反抗而出现的。它反对新古典主义片面强调理性，要求把感情和想象提到首位。它反对新古典主义清规戒律，要求打破一切束缚，采取比较自由与自然的表达形式；它反对新古典主义强调摹仿古典，要求信任天才，并且更多地向民间文学学习。浪漫主义文艺的哲学基础是康德、席勒和费希特等人的唯心主义哲学。这种哲学是法国革命在德国思想家心里的反映。他们认为法国革命的精神准备不够，所以失败，因此，他们把资产阶级所崇奉的"自由"由政治领域搬到思维领域，企图证明精神自由是政治自由的前提。在他们的词汇里，"自由"变成道德意志的行使（康德），或是自在自为的（自觉的）存在（黑格尔）。他们把人提到精神发展的顶峰（黑格尔），把人的心灵提到客观世界的造物主的地位（康德）。人的尊严感提高了，但是提得最高的是个人的"自我"尊严感。浪漫主义文艺一般也把个人的"自我"提到超越一切的地位，所以它们的主要特征是主观性，它的主要成就是在抒情诗方面。

现实主义运动是在三十年代以后，作为对浪漫主义的反抗，约莫同时在英、法、俄等国出现的。现实主义最反对的是浪漫主义过分侧重主观幻想和抒情的倾向，因为民主革命的形势已有了进一步的发展，主观幻想和感伤情调容易使人脱离社会现实，麻痹革命斗争的意志。为着促进民主革命，有必要对现实的丑恶现象进行赤裸裸的揭露，来提高人们的认识，激发人们的义愤，所以现实主义要求忠实地客观地反映现实。在法国，现实主义的思想基础是孔德的实证哲学和泰纳运用实证主义于文艺领域的自然主义的美学理论。实证主义强调科学要凭观察的实验，从现象界事实中找出规律来，"事实"这一词是特别受到看重的，不过它是作为浮面的现象来理解的，因为孔德认为事物的本质、终极的原因和结果都是不可知的，所谓"规律"只是现象事实之间的并存和承续的关系，不涉及本质和因果的内在联系。孔德认为只是对并存和承续的关系的认识就可以指导实践，至于本质和因果的内在联系不但不可知，而且对目前行动也无补，就用不着深究，所以实证主义是不可知论和实用主义的拼凑。孔德在政治见解上是资产阶级贵族统治的维护者，阶级调和论者，并且要用"人道"（humanité）这个"伟大的存在"代替上帝，作为宗教崇拜的对象。这种"人道教"要"以爱为原则，秩序为基础，进步为目的"。很显然，孔德是资本主义社会生活理想的代言人。文艺批评家泰纳接受了这种实证哲学而特别强调自然环境和遗传对人物性格的决定作用。在孔德和泰纳的影响之下，法国现实主义作家们号召把自然科学（特别是生物学和生理学）的方法应用于文艺领域，提出"不动情感""要证据"乃至于"实验"之类口号，现实主义在这个时期大半是批判性的，它揭露了当时社会的矛盾，但是提不出正确的解决方案来，所提出的不过是通过文化教育来改变人心，在政治上做点改良。法国现实主义由于以实证主义为思想基础，始终带有浓厚的自然主义色彩，就连它的现实主义大师巴尔扎克的作品里，关于自然环境的过分繁琐的细节描写也往往使人感到腻味。这就足以说明法国现实主义作家们没有能把文艺结合到民主革命运动中去，否则他们就不会对一些表面现象那样感觉兴趣。现实主义在俄国的发展就比较健康，因为从果戈理到托尔斯泰，它始终是和农民解放运动和民主革命斗争紧密结合在一起的。因此，它更富于现实生活气息，比较能从现象中揭示事物的本质，创造出一些个性鲜明的典型，特别是"小人物"的典型。在西欧，无论是浪漫主义派，还是现实主义派，都有些"为艺术而艺术"的宣扬者。而俄国现实主义者却始终对"纯艺术"派进行不调和的斗争，这特别表现在别林斯基和车尔尼雪夫斯基的文艺评论里。

十九世纪西方各派文艺作品里所表现的人道主义思想具有哪些突出的独特的内容呢？主要的是两个表面上像是彼此对立的因素：博爱主义和个人主义，其中以个人主义为最本质的因素。个人主义的极端发展是悲观主义和颓废主义。现在分述如下。

先说博爱主义，在十八世纪英国经验派休谟和博克等人的论著里，文艺表现同情的观点，已开始出现，而"同情"是作为人的生性中一种善良品质或是一种动物性的本能来理解的。在同时期的英国感伤派诗人和小说家们的作品里（例如哥尔德斯密斯的《威克斐尔德的牧师》和《荒村》），对工业革命后农村衰败现象以及穷苦人的不幸遭遇的同情也往往与感伤情调糅合在一起。但是"博爱"还没有成为十八世纪文艺的一种主要的主题思想。《人权宣言》还只提到"自由"和"平等"，只是在国旗上和公共纪念坊上嵌上"自由、平等、博爱"三个法文字，于是"博爱"就成为法国革命的三大口号之一。"博爱"在法文中原是fraternité，本义是"兄弟般的友爱"，它可以是狭义的，只指某一集团或阶级成员之间的友谊；也可以是广义的，指对一切人，无分敌我，都一视同仁。如果取广义，博爱就来自基督教的一条教义：凡人都是上帝的子女，在上帝面前，彼此都是兄弟姊妹。事实上在十九世纪西方文艺作品中的"博爱"都是按照这条基督教义来理解的。因此，"人道主义"这一词获得了它本来所没有的而且本来应该和它区别开来的一个新的涵义，"人道主义"（humanism）转化成了"慈善性的博爱主义"（humanitarianism）。这是一个重大的转变，它仿佛是一种历史的嘲讽：本来用来反基督教的人道主义，现在却从基督教的武库里拿取"博爱"（加上"平等"）这个武器来保卫自己，基督教就因此借敌人之尸而还魂了。这究竟是什么一回事呢？原来资产阶级随着资本主义生产方式和剥削方式的发展，一方面内部日益分化，互相竞争，互相倾轧，互相吞并；另一方面广大劳动人民日益穷困，社会上罪恶现象日益猖獗，劳资的矛盾日益尖锐化，工人运动和农民运动日益蓬勃发展起来了。在这种情况之下，资产阶级文艺作家们才挂起"博爱"这面幌子，作为缓和阶级斗争的武器。流行的论调是这样：社会秩序的动荡不宁是由于劳资的纠纷，而劳资的纠纷又由于劳方和资方一样，都太自私，只顾自己的利益，不顾对方的利益，要医治自私，只有博爱这一剂万宝灵应丹。这种阶级调和的愿望在华兹华斯、狄更斯、雨果、乔治·桑、左拉，以及托尔斯泰等人的作品和言论里都直言不讳地提出来了。

从"博爱"这副西洋镜里，资产阶级诗人们望见了许多光辉灿烂的幻景，雪莱瞭望到单凭爱的威力，阶级就会消灭，人类就会大同：

人类从此不再有皇帝的统治，无拘无束，自由自在，

> 人类从此一切平等，没有阶级，民族和国家的区别；
>
> 每个人都是管理他自己的皇帝，
>
> 每个人都是公平，温柔和聪明。④

丁尼生也瞭望到战争消灭的"世界大家庭"：

> 于是战鼓不再轰鸣，战旗也都卷起，
>
> 放在人类的议会厅里，全世界的联盟里。⑤

和平主义的幌子也是在"博爱"的名义下竖起来的。这在雨果的《在巴黎世界和平大会的演讲词》里表现得更清楚。十九世纪是殖民扩张的鼎盛时代，也是基督教各教派在"落后地区"的传教活动最活跃的时代。"博爱"成了传教士的敲门砖，也成了殖民主义者的遮羞布。他们据说都是看在上帝的份上，把文化带给落后的民族。于是"博爱"就带有慈善恩施的意味了。

近一百多年来的历史已拆穿了"博爱"这副西洋镜，单拿种族歧视为例就可以揭露它的欺骗性。从哥伦布发现美洲以来，贩卖黑奴的交易就一直在进行着，奴隶问题在标榜自由民主的美国里在政治上一直是个尖锐的问题。奴隶战争造成美国南北的分裂。在十八、十九世纪美国政治家的言论里和文学家的作品里，奴隶买卖和种族歧视一直是众所关心的主题。从杰弗逊、富兰克林和林肯一直到斯陀夫人（《汤姆大伯的小屋》的作者）、马克·吐温和惠特曼，没有一个人不曾以"博爱"的名义，替黑人所受到的无人道的虐待鸣不平，话说起来往往是雄辩滔滔，娓娓动听的。1854 年林肯在伊利诺州的演说里说他"痛恨奴隶制"，原因之一是奴隶制"使我们美国共和政体的典范在世界上丧失它的正义的影响，使自由制度的敌人能振振有词地辱骂我们是些伪君子"，足见"博爱"的幌子在当时就已被人看穿了，但是林肯所担心的那种不光彩的局面至今还未改变，类似的话又从肯尼迪的口里说了出来，尽管美国耽忧被人骂作伪君子的老爷们已经洒了一百多年的鳄鱼之泪。法国罗兰夫人临上断头台时才觉悟到一个真理，高呼道："自由呀，自由呀！世间许多罪恶行为都是在你的名义下进行的！""博爱"这尊菩萨也起了同样的作用。

十九世纪文艺中人道主义思想的另一个内容是个人主义。个人主义像是和博爱主义水火不相容的，何以它们又结合在一起呢？英国功利主义哲学家道沁和穆勒等人早已一语道破了此中秘密：利己主义（egoism）是利他主义（altruism，也有译作"博爱主义"）的根源，利人正是为利己（车尔尼雪夫斯基也有类似的论调）。这就是说，博爱主义是个人主义的手段，博爱主义是挂的羊头，个人主义是卖的狗肉。资产阶级损人利己的个人主义成了资产阶级人性中最本质的东西。个人主义思想是随着资本主义的发展而发展的。在文艺复兴时代，人道主义为着反封建反教会而要求个性的解放与扩张，虽已隐含个人主义的萌芽，但尚未发展成为个人主义。在十七、十八世纪，个人主义在个别文艺作品中渐露头角，例如《鲁滨孙飘流记》表现出个人独立奋斗的精神，《拉摩的侄儿》揭露了在金钱统治之下个人对社会道德的蔑视，感伤派的诗歌和小说显现出作家对个人主义情感的留恋。但是总的说来，个人主义思想在十七、十八世纪西方文艺作品里还不是一个突出的因素。新古典主义者所强调的是普遍人性，反对文艺反映个别现象，而且他们所标榜的理性也与个人主义不相容。如果追究阶级根源，这是由于资产阶级在争取政权的时期，还认识到阶级内部团结是胜利的保障，个人与社会的联系还较紧密，个人还能感觉到自己作为社会成员的利益。在对封建势力进行革命中，资产阶级的成员结成了一种统一战线。等到十九世纪，这种情况就有了急遽的转变。资产阶级已取得政权了，势力已经巩固了，阶级内部就日渐分化，资本主义的生产分工方式把个人固定在窄狭的岗位范围，资本主义的经济竞争的方式造成人与人互相欺凌、互相倾轧的局势。这一切因素都使得个人与社会的联系日渐削弱，以至于被完全破坏。个人脱离了社会，而且把社会看成是与自己对立的。这种情况尤其突出地出现在文艺领域。十九世纪的西方文学家和艺术家们大半既厌恶社会而又没有勇气投入改革社会斗争，于是像龟一样把头缩进自己的壳里，在幻想里把"自我"放大到超越一切，来享受阿Q式的精神胜利。

这时期的个人主义思想首先集中地表现在德国唯心哲学里。全部德国唯心哲学史都可以看作个人主义思想发展史，我们在这里只能提到对文艺影响特别深刻的两个人，一个是十九世纪初的消极浪漫派的发言人弗列德里希·施莱格尔，一个是十九世纪末宣扬"超人"哲学的尼采。施莱格尔发挥费希特哲学中"自我"创造"非自我"（客观世界）的思想，提出所谓"浪漫式的滑稽态度"说，作为消极浪漫主义文艺的理论基础，根据这种理论，艺术家的"自我"是绝对自由的。他可以自由地创造形象，也可以自由地消灭他所创造的形象，就在这种活动中实现他的自我。这种情况颇类似顽皮的孩子在沙滩上筑起沙堤来，随即把它毁掉，来让自己开心。黑格尔曾就这种滑稽态度作了一番很简赅的说明："一个滑稽的艺术家在生活中所表现的这种巧妙本领就被了解成为一种神人似的神通广大，对于这种神通广大，一切事物都只是一种无实体的创造品，而自知不受一切事物拘束的创造者却不受这种创造品的约束，因为他能创造它，也能消灭它"；"它就是自我集中于自我本身，对于这自我，一切约束都撕破了，他只愿在自我欣赏的福境中生活着"⑥。尽管黑格尔对这种不严肃的态度作了义正辞严的批判，它却被消极浪漫主义者奉为他们的基本信条。个人脱离社会而自禁于"自我"中被视为一种美德和艺术的神髓。

尼采把人的"追求权力的意志"看作维持生命的必需条件。"按照生命的概念，有生命就要有生长，生命必须扩大它的权力，必须为自己攫取新的权力"。因此，尼采把爱、同情、德行以及过去被认为善良品质的一切都列为"奴隶的道德"，而他所要建立的则是"主子的道德"，其中包括强权和暴力、勇敢乃至于狡猾和残酷，具有这些"主子的道德"的就是"超人"。很显然，这种"超人"哲学是个人主义思想的极端发展，是垄断资本主义世界中弱肉强食的现实情况的反映，也是法西斯统治的理论基础。到了尼采，人道主义发展到它自己的对立面：反人道主义。

施莱格尔和尼采两人的思想在十九世纪前后两期集中地体现了当时广泛流行的资产阶级人生观，而且对文艺都发生过深广的影响。在文艺领域本身，这些极端个人主义的思想也表现得很突出。它首先表现于文艺作品中一些顽强的个人主义的人物性格，例如斯汤达的《红与黑》中的于连，巴尔扎克的《驴皮记》里的瓦仑丹和《幻灭》中的吕西安，狄更斯的《远大前程》中的匹普，爱米丽·勃朗特的《呼啸山庄》的希斯克立夫，以及易卜生的所写的娜拉和赫达·盖伯勒之类叛逆的女性。其次，它也表现于一些作家的理论方面的著作，例如由戈蒂耶首先提出而在十九世纪后期弥漫一世的"为艺术而艺术"，把个人在历史上的地位提到不恰当高度的卡莱尔的英雄主义以及王尔德所宣扬的以发展个人主义为目的的社会主义，如此等等。

个人主义的极端发展必然走到悲观主义，而悲观主义的直接后果也必然是颓废主义。以个人主义哲学闻名的麦克斯·施蒂尔纳在他的《个人和他的财产》(1845)里曾经说过："我（也要把我的事业放在我自己身上，我）像上帝一样，是一切其他事物的空无，我是我的一切，我是唯一的人……我既然把我的事业放在我自己这唯一的人身上，那就是放在无常的东西上面，放在可死的自我创造者和自我毁灭者的身上，我敢说：'我把我的大事放在空无上！'"这是呓语，但含有真理，孤立的个人是一个抽象物，一种"空无"，是不会有生活和生活乐味的，他创造了自己，也就必然要毁灭自己。尼采是"超人"哲学的创始人，也是近代悲观主义和颓废主义的典型代表，这并不是一种偶合，文艺复兴时代的人一般都是充满热情与信心的，启蒙运动的人都有一个乐观主义的信条，叫做人类的"可完善化"（perfectibilité），即人类的无穷进步。只有十九世纪的人才丧失了对社会和人生的信心，在十九世纪初，维特式的"顾影自怜"和拜伦式的倨傲慢世就已成为青年人争着摹仿的时髦姿态。这时期的抒情诗很少不是哀声叹气的，法国消极浪漫派诗人维尼是个典型的代表，读他的诗篇，你会感到稀罕，哪里来的那么多的沉忧隐痛！对于他，过生活只是坐监牢，服满了刑期就死去，犯了什么罪，连自己也不知道。他倒得到了一条经验：

> 没有任何希望是一种可喜的现象，
> 抱有希望是我们最大的疯狂行为。

他宣布，"我爱人类的庄严的痛苦"，无希望反而可喜，痛苦成为可爱的庄严景象，这里就可以见出悲观主义与颓废主义的密切联系了。这种心情在西方有"世纪病"（mal du siècle）之称，足见它是十九世纪的一种特征，随着资本主义世界的社会矛盾逐渐加深，"世纪病"也就愈趋严重，在文艺中这种颓废心情的典型的表现是德国霍夫曼的《谢拉皮翁兄弟》、俄国陀思妥耶夫斯基的《卡拉马佐夫兄弟》和英国王尔德的《道林·格雷的肖像》之类小说，以及法国波德莱尔的《罪恶之花》、魏尔伦的《无题浪漫曲》和兰波的《乌鸦》《醉舟》之类象征主义的诗，还有一些作家在早期还表现出一些积极的因素，到晚期就落到悲观主义，易卜生就是一个著例。总之，在十九世纪西方文艺作品中，文艺复兴时期的那种蓬勃的朝气以及启蒙运动时期的那种健康爽朗的精神就已经一去不复返了，尽管它们在揭露社会病象、创造典型人物和推进诗歌小说的技巧上都有超过前代的成就。

结束语

从以上的粗略叙述中可以看出，人道主义从文艺复兴到十九世纪所经历过的发展过程中在各阶段具有不同的内容，起过不同的作用，因而具有不同的性质。在文艺复兴时代，它是作为反封建反教会的武器而提出的，它的主要内容是肯定人的地位和现世幸福生活的价值，其中最有价值的东西是人能借以认识自然而征服自然的思想。到了十七、十八世纪，资产阶级力量日渐强大，资产阶级革命的问题已提到日程上，人道主义就由一般文化思想战线上转而集中到政治战线上。于是人权、自由、平等和理性这些概念成为它的主要内容。资产阶级改变了剥削方式而没有改变剥削制度，想以一个阶级代表全民说话，所以自由平等之类概念仍有它们的局限性和欺骗性。但是这些思想促成了资产阶级革命，所以基本上还是进步的。到了十九世纪，西方各国资产阶级相继获得了或巩固了政权，阶级分化日益加剧，资产阶和无产阶级的矛盾也日益尖锐化，于是人道主义一方面转化为博爱主义，作为阶级调和论的基础，另一方面突出地表现为个人主义以及它的直接后果，悲观主义和颓废主义。人道主义到此就演变成为它的对立面：反人道主义，因此也就变成极端反动了，这种情况到二十世纪就更变本加厉。

我们时时刻刻都不应忘记，上面所说的人道主义是一种资产阶级性的意识形态，而且这种人道主义到了十九世纪垄断资本主义由形成而进入帝国主义的时代，已由反封建的武器变成反无产阶级革命的武器了。现代修正主义者在全世界无产阶级革命事业蓬勃发展的形势之下，却大肆宣扬人道主义，甚至把共产主义和人道主义等同起来。资产阶级打着人道主义的幌子是为着维持资产阶级的利益，而现代修正主义却窃取这面幌子来出卖无产阶级利益；资产阶级企图以一个阶级来代替全民，而现代修正主义者企图以全民来淹没无产阶级，所以它的用心更为毒辣，它只能导致资产阶级与资本主义的复辟。

这不是历史的重演，这是资产阶级势力垂死前的回光返照。历史的车轮将会把现代修正主义和它所向往的资本主义一齐碾得粉碎。

注释

①参看马克思的《经济学—哲学手稿》中《论资产阶级社会中金钱的势力》一章。

②见《哈姆雷特》，卞之琳译，第63页。

③《反杜林论》，第14—15页，人民出版社1956年版。

④雪莱:《普罗米修斯的解放》,第三幕第四场。

⑤丁尼生:《洛克斯莱大厅》。

⑥黑格尔:《美学》卷一,第82—83页。

我学美学的一点经验教训

    和青壮年朋友见面谈心时，他们常问我，活到八十多岁了，一生都在学习和研究，有什么值得一谈的经验教训？

    我首先谈到的，总是劝他们要坚持锻炼身体。从幼年起，我就虚弱多病，大半生都在和肠胃病、内痔、关节炎以及并发的失眠症作斗争。勉强读书学习，效率总是很低的，不过早晨总比午后好，睡眠和休息后总比疲劳困倦时好。从此我体会到英国人说的"健康的精神寄托于健康的身体"那句至理名言，懂得劳逸结合的重要。所以我养成了不工作就出外散步的习惯。在"文革"中我被"四人帮"关进牛棚，受尽精神上和肉体上的折磨，于是宿病齐发，又加上腰肌劳损，往往一站起来就不由自主地跌倒，一场大病几乎送了命。我对国家和个人的前途是乐观的，于是，下定决心坚持慢跑，打简易太极拳和做气功之类简单的锻炼，风雪寒暑无阻。这样，身体就逐渐恢复过来了。就现在说，我的健康情况比自己在青壮年时期较好，也比一般同年辈的同事们较好，因此精神也日渐振作起来了，工作量总是超过国家所规定的，例如去年除参加许多会议和指导两个研究生之外，还新写过一部八万字的《谈美书简》，校了近百万字的书稿清样，还写了五六万字的美学论文和翻译论文。关在牛棚里时，我天天疲于扫厕所、听训、受批斗、写检讨和外访资料，弄得脑筋麻木到白痴状态。等到1970年"第二次解放"后，医好了病，我又重理旧业，我发现脑筋也和身体一样，愈锻炼也就效率愈高，关在牛棚时那种麻木白痴状态已根本消失了。这一点切身经验，一方面使我羡慕青壮年朋友们比我幸福，还有一大段光阴可以利用；另一方面也深感到劳逸结合的原则在各级学校，特别在小学里，没有受到足够的重视，课程排得满满的，家庭作业也太繁太重，认为这不是培养人才而是摧残人才。

从锻炼成健康的身体中来锻炼出健康的精神，这是做一切工作所必遵循的一条辩证唯物主义的准则。不过我是毕生从事美学理论工作的，青壮年朋友们希望从我吸取经验教训的当然不仅在这条一般的原则，而主要还是在美学研究方面。在这方面我是走过崎岖曲折道路的，大半生都沉埋在我国封建时代的经典和西方唯心主义的美学和文学的论著里。到解放后，经过五十年代国内的美学批判讨论的刺激和鼓舞，我才逐渐接触到社会主义的新生事物和马列主义毛泽东思想。先是逐渐认识到自己过去美学思想的唯心主义的基本错误，后是马克思主义的历史辩证发展观点也使我逐渐认识到过去西方唯心主义美学传统毕竟不是无中生有，其中有些论点还可以一分为二，去伪存真，足资借鉴。我写《西方美学史》以及我译黑格尔的《美学》、莱辛的《拉奥孔》和《歌德谈话录》之类美学经典著作都是从这个观点出发的。成就和理想还有很大的距离。古话说得好，"前修未密，后起转精"，"补苴罅漏，张皇幽眇"，只有待诸后起者了。

从我自己走过的曲折的道路和观察到的我国美学界现实情况看，应该谈的主要有两点：一是"博学而守约"；二是解放思想，坚持科学的谨严态度。

所谓"博学"，就是把根基打广些；所谓"守约"，就是"集中力量打歼灭战"。先说博学，作为一个近代理论工作者，起码要有一般的近代常识，不但要有社会科学常识，也要有自然科学常识。在自然科学方面，美学必须有心理学的基础。多年来我们高等院校里根本没有开设心理学的学科；"文革"后虽是开设了，能教的人为数寥寥，愿学的人也不很多，而且教材和阅读资料都极端贫乏。学美学的人就没有几个懂得心理学的。要不然，在"反形象思维论"的论战中就不会闹那么多的缺乏心理学常识的笑话了。

在社会科学方面，美学不但对文艺的创作和理论两方面都要有历史发展的认识，而且还要密切结合当前社会生活和文艺动态，最重要的当然还是马克思主义经典著作。"指导我们思想的理论基础是马克思列宁主义"这个伟大号召挂在每个人的口头上，可是把它放在心坎上坚决要理解它和运用它的人还不能说很多。美学家之中还有人发表评论马克思的《1844 年经济学—哲学手稿》的文章，宣扬这部书对美学的用场寥寥可数，而且公开咒骂马克思主义的实践观点，仿佛马克思在这部经典著作里并没有明确地提出实践观点。所谓实践观点不过是苏联几个修正主义美学家捏造出来，借以偷运唯心主义的骗人伎俩，而我国某个美学教授主张实践观点也不过是他们的应声虫。也就是在这篇评论里，我们的美学家还再三提到马克思在《政治经济学批判》第二章分析货币时谈到的金银的"审美属性"，认为马克思也和他本人一样，肯定了"美单纯是客观事物的一种属性"那种观点。"审美属性"在原文是 ästhetischen Eigenschaften，头一个词有人译为"美学"，把审美活动看成美学，当然不妥，而这位作者把"审美"和"美"等同起来，认为审美属性就是美这一客观属性。实际上"审美"作为一个范畴，既可以指美，也可以指丑；既可以指雄伟美，也可以指秀媚美；既可以指悲剧性的，也可以指喜剧性的。说金银有审美属性，不过是说金银可以起审美的作用或引起美感，并不是说金银本身就必然是美的。马克思在有关的一段里说的是：

> 金银的审美属性使它们成为满足奢侈、装饰、富丽排场、炫耀之类需要的天然材料。

能说马克思肯定了这些事物就是客观的美吗？马克思接着就说出金银具有审美属性的理由：

> 金银可以说表现出从地下发掘出时的本有光彩，银反射出一切光线的自然混合，金则反射出红这种最强的色彩，而色彩的感觉是一般美感中最通俗的一种。（引文较原文略有修改——引者）

说"审美"和"美感"就必然要有起美感和审美活动的主体（人）。能说马克思在这段话里肯定了美单纯是客观事物的一种属性吗？"不以人的意识为转移"吗？我们的美学家最爱引用这句话，丝毫不想一想：美感作为一种意识形态活动，说美感不以人的意志（或意识）为转移，符合马克思主义的辩证唯物史观的基本原则吗？用这种"一刀切"的办法不就势必否定阶级观点和历史发展观点吗？

"审美范畴"这场纠纷所涉及的基本知识也包括对外文的知

识。上例就说明了不懂德文 ästhetischen 这个词的意义，就导致把它误认为和 schön（美）同义，从而认为具有"审美属性"的东西就具有"美"的客观属性。从此可见，不懂德文，就很难准确地理解马克思的经典著作，而不准确地理解和翻译就会歪曲原义，以讹传讹，害人不浅。生在现代，学任何科学都不能闭关自守，坐井观天，必须透过外文去掌握现代世界的最新的乃至最重大的资料。

学外文也并不是很难的事。再谈一点亲身经验，趁便也说明上文所提到的"守约"的道理。我在解放后快进六十岁了，才自学俄文，一面听广播，一面抓住《联共党史》、契诃夫的《樱桃园》和《三姊妹》、屠格涅夫的《父与子》和高尔基的《母亲》这几本书硬啃。每本书都读上三四遍：第一遍只求粗通大义；第二遍就要求透懂，抱着字典，一字一句都不肯放过，词义和语法都要弄通，这一遍费力最多，收效也较大；第三遍通读就侧重全书的布局和首尾呼应的脉络以及叙事状物的一些巧妙手法，多少从文学角度去看它。较爱好的《母亲》还读过四遍。无论是哪本书，我有时还选出几段来反复朗诵，到能背诵的程度。这些工作都是在课余抓时间做的，做了两年之后，我也可以捧着一部字典去翻译俄文书了。可惜"文革"中耽搁了十多年，学到手的已大半忘掉了。

上文还提到"解放思想，坚持科学的严谨态度"。这首先是"做老实人，说老实话，办老实事"的人生态度问题。大家已谈得很多。我要谈的是一个人何以要不"做老实人，说老实话，办老实事"的道理。你也可以说这是由于思想不解放，不过思想何以不解放？怎样才能解放呢？据我这样老弱昏聩的人来看，外因或外面的压力固然也起作用，但是起决定作用的还是内因。内因主要是人自己的惰性和顽固性。其实这是两个同义词，都是精神服从物质，走抵抗力最低的路。这是一条物理学规律。怎样才能不走抵抗力最低的路呢？那就要靠同时有较强的力量来牵制或抵挡最低的抵抗力，逼它让路。我回顾五十年代参加美学批判讨论中的一些朋友们，觉得有些人思想在发展，也有些人思想还处在僵化状态。我说他们思想僵化，并不是恶意攻击，而是一个逼他们脱离僵化的当头棒。

老化和僵化都是生机贫弱化的表现。要恢复生机，就要身体上和精神上都保持健康状态。要增强生机，就要医治生机贫弱化的病根，而这个病根正是"坐井观天""画地为牢""固步自封"。因此，我在做人和做学问方面都经常把姓朱的一位老祖宗朱熹的话悬为座右铭："半亩方塘一鉴开，天光云影共徘徊。问渠那得清如许，为有源头活水来。"关键在这"源头活水"，它就是生机的源泉，有了它就可以防环境污染，使头脑常醒和不断地更新。一句话，要"放眼世界"，不断地吸收精神营养！